韧性交通　品质与服务

——2023 年中国城市交通规划年会论文摘要

中国城市规划学会城市交通规划专业委员会　编

U0209333

中国建筑工业出版社

图书在版编目（CIP）数据

韧性交通　品质与服务：2023 年中国城市交通规划
年会论文摘要 / 中国城市规划学会城市交通规划专业委
员会编. —北京：中国建筑工业出版社，2023.9
　　ISBN 978-7-112-29050-5

　　Ⅰ. ①韧… Ⅱ. ①中… Ⅲ. ①城市规划–交通规划–
中国–文集 Ⅳ. ①TU984.191-53

　　中国国家版本馆 CIP 数据核字（2023）第 155234 号

韧性交通　品质与服务——2023 年中国城市交通规划年会论文摘要
中国城市规划学会城市交通规划专业委员会　编

*

中国建筑工业出版社出版、发行（北京海淀三里河路 9 号）
各地新华书店、建筑书店经销
北京鸿文瀚海文化传媒有限公司制版
建工社（河北）印刷有限公司印刷

*

开本：850 毫米×1168 毫米　1/32　印张：9⅜　字数：234 千字
2023 年 9 月第一版　2023 年 9 月第一次印刷
定价：**49.00** 元
ISBN 978-7-112-29050-5
（41751）

版权所有　翻印必究
如有内容及印装质量问题，请联系本社读者服务中心退换
电话：（010）58337283　　QQ：2885381756
（地址：北京海淀三里河路 9 号中国建筑工业出版社 604 室　邮政编码：100037）

本书收录了"2023年中国城市交通规划年会"入选论文223篇。内容涉及与城市交通发展相关的诸多方面，强调韧性交通、低碳发展与精准治理，反映了我国交通规划设计、交通治理等理论和技术方法的最新研究成果，以及在智能技术与应用、韧性交通与风险防范、交通数字化应用等领域的创新实践。

本书可供城市建设决策者、交通规划建设管理专业技术人员、高校相关专业师生参考。

责任编辑：黄　翊　徐　冉

责任校对：党　蕾

论文审查委员会

主　　任：马　林

秘 书 长：赵一新

秘　　书：张　宇　孟凡荣

委　　员（以姓氏笔画为序）：

　　　　　王学勇　刘剑锋　孙永海　李　健

　　　　　杨　飞　杨　超　陈　峻　陈必壮

　　　　　邵　丹　周　乐　周　涛　黄　伟

　　　　　曹国华　温慧敏　戴　帅　魏　贺

目　录

01　宣讲论文

02　交通规划与实践

03　交通出行与服务

04　交通设施与布局

05 交通治理与管控

06　智能技术与应用

07 韧性交通与风险防控

08　交通研究与评估

15

01 宣讲论文

基于道路交通噪声预防的用地布局模式研究

皮 文 邓惠章 张鹏岐

【摘要】道路交通噪声已成为城市环境主要污染源之一，特别是对于医疗康养、居住教育等需要保持安静的用地，道路交通声环境尤为重要。根据声环境相关规范及既有研究，道路交通噪声强度与机动车流量、车速等因素密切相关，城市快速路、主干路等交通干线对两侧用地声环境影响相对较大。目前对道路交通噪声的防治注重末端治理，主要通过禁止鸣笛、限速限货、降噪路面、隔声屏障、绿化带、优化建筑布局等设计与管理措施来缓解噪声污染。为从根本上解决降噪问题，文章从用地规划层面探索道路交通噪声的前端预防，提出"降噪"型的城市建设用地布局模式，以实现道路交通声环境的根本优化，同时该模式在客观上有利于促进土地的混合利用。在新一轮国土空间详细规划及城市更新规划大规模开展的背景下，该研究具有一定的必要性以及参考意义。

【关键词】道路交通噪声；噪声防治；"降噪"型城市建设用地布局模式；土地混合利用

作者简介

皮文，男，本科，滨海县公安局交通警察大队，指导员，工程师。电子邮箱：595421031@qq.com

邓惠章，男，硕士，江苏省规划设计集团有限公司交通规划与工程设计院，副高级工程师。电子邮箱：278539174@qq.com

张鹏岐，男，本科，江苏华测品标检测认证技术有限公司，工程师。电子邮箱：zhangpengqi@cti-cert.com

轨道站步行便捷性提升

——以重庆为例

唐小勇　高志刚　刘晏霖

【摘要】提升轨道站步行便捷性，做好轨道交通"最后一公里"步行接驳服务，能有效促进轨道交通与城市融合发展、增强轨道交通吸引力、发挥轨道交通投资效益。本文介绍了重庆正在开展的轨道站步行便捷性提升工作，构建了基于大数据的轨道站步行便捷性评估方法，分析了影响步行便捷性的主要原因并给出了针对性的规划策略，总结了项目实施经验，形成了一套提升轨道站步行便捷性的完整解决方案。该方案具备大数据驱动业务决策的典型特点，实施后极大地改善了重庆轨道交通服务，取得了"投入小、见效快"的民生实效，也可以为其他城市提供经验借鉴。

【关键词】轨道交通；步行便捷性；轨道站评估；步行可达性

作者简介

唐小勇，男，博士，重庆市交通规划研究院，副总工程师，正高级工程师。电子邮箱：71780735@qq.com

高志刚，男，本科，重庆市交通规划研究院，副院长，正高级工程师。电子邮箱：3585680376@qq.com

刘晏霖，女，硕士，重庆市交通规划研究院，副高级工程师。电子邮箱：562249329@qq.com

电动助动车通勤对居民主观幸福感的影响研究

孙世超　段征宇

【摘要】电动助动车（以下简称"助动车"）在我国具有非常高的保有量，上海市是其中的代表。虽然助动车被广泛应用于居民的日常出行和通勤活动中，但鲜有研究从主观幸福感的角度系统分析其对居民通勤交通方式选择的影响。本文利用上海市通勤人群的问卷调查数据，建立路径分析模型，揭示了不同通勤方式对个体通勤满意度和主观幸福感的影响机理。慢行交通方式（步行、自行车）和小汽车方式的通勤人群表现出更高的主观幸福感，而常规公交方式对个体通勤满意度和主观幸福感有负面影响。助动车因其通勤成本低、灵活性高和可门到门出行等特点，对通勤者满意度和主观幸福感的提升作用最为显著。在上海市小汽车牌照政策限制下，公共交通通勤人群有可能转向助动车方式。因此，合理引导并支持助动车发展对于城市交通的未来发展具有重要意义，但也需注重加强对助动车的安全教育和管理，确保其安全性和可靠性。

【关键词】城市交通；通勤方式选择；电动助动车；主观幸福感；路径分析模型

作者简介

孙世超，男，博士，大连海事大学，研究生院院长助理，副教授。电子邮箱：dlmu_sunshichao@163.com

段征宇，男，博士，同济大学，副教授。电子邮箱：d_zy@163.com

基金项目

国家自然科学基金；教育部人文社会科学基金

组合情境下出行转移行为特征分析

——以北京市为例

涂　强　刘思杨

【摘要】公共交通优先发展是我国很多大城市的核心交通战略，但受到公共卫生事件影响，部分城市的公共交通客运量触底反弹后并未彻底恢复到之前的水平，需要逐步引导小汽车出行向公共交通转移。以北京市为例，通过对 3351 名出行者进行 SP 问卷调查，分析了在不同公共交通—小汽车出行时间比和停车费用的组合情景下通勤与非通勤出行方式转移特征，识别出四类转移倾向性存在差异的群体，并对比了不同组合情景下各类群体占比及转移率的变化，以反映公共交通出行效率改善和小汽车使用成本提高对于各类人群的影响程度。结果表明，降低出行时间比和提高停车费用均可促进小汽车出行向公共交通转移，但两大变量对于不同人群的影响程度存在差异，降低出行时间比对于提高公共交通乘客忠诚度和减少乘客流失效果较好，但很难吸引对小汽车高度依赖的出行者，提高停车费用对于促进出行方式转移的效果更显著，转移率的高低与出行时间比和停车费用的现状基准值关系紧密。最后，提出应结合现状调查制定分区域、分人群、分目的的公共交通吸引力提升策略，探索精细化、可实施、重统筹的公共交通发展及交通治理路径。

【关键词】公共交通；SP 问卷调查；出行方式转移；交通政策

作者简介

涂强，男，硕士，北京市城市规划设计研究院，工程师。电

子邮箱：tuqiang729@163.com

刘思杨，男，博士，北京工业大学。

基金项目

世界银行中国可持续城市综合方式试点项目"城市层面以公共交通为导向的城市发展（TOD）战略的制定与实施以及项目管理支持（北京）"（TF-A4213）

城市边缘区域热门景区交通系统优化策略

——以成都市大熊猫繁育研究基地为例

郝偲成　蒋　源　李　星　乔俊杰

【摘要】交通出行体验和效率是影响城市品牌和口碑塑造关键要素。本文以成都市大熊猫繁育研究基地为例，提出"以数据挖掘特征，以特征识别矛盾，以矛盾制定原则，以原则引导策略"的城市边缘区域热门景点交通系统优化流程与方法。针对游客出行需求，采用手机信令、轨道交通刷卡、常规公交刷卡、浮动车 GPS、交管局大巴车等作为研究数据，融合分析，通过量化指标识别出交通供需两端特征以及供需之间的矛盾，明确了"集约有序、高效舒适、灵活组织"三大优化原则，并制定了"分门定位、智慧引导""以量定位、精准布局""摆渡主导、品质慢行""分时利用、区域共享"四大策略。在熊猫基地二期开园前，基地按本规划研究成果进行了交通优化组织，切实提升了游客到发出行效率和体验，同时也为城市边缘区域热门景点交通系统优化提供一定参考。

【关键词】景区交通；交通组织；多源数据

作者简介

郝偲成，女，硕士，成都市规划设计研究院，助理工程师。电子邮箱：740975274@qq.com

蒋源，男，硕士，成都市规划设计研究院，工程师。电子邮箱：nojiangpai@163.com

李星，男，硕士，成都市规划设计研究院，所长，高级工程

师。电子邮箱：358283537@qq.com

乔俊杰，男，硕士，成都市规划设计研究院，副所长，高级工程师。电子邮箱：3061215688@qq.com

城市治理背景下的医院停车对策研究

陈光荣　李彩波

【摘要】破解停车难问题一直是城市治理的重要一环，特别是超大城市的停车治理问题。成都作为新一线城市，随着城市人口的增长与汽车保有量的增加，停车问题越来越突出。本文以成都市三甲综合医院为研究对象，首先分析了医院交通出行构成、出行以及停车需求等方面的特征；其次，从停车供给、停车需求、停车效率以及交通环境等方面找出存在的问题；最后，从停车挖潜、引导出行需求、优化停车模式、改善交通环境等方面提出了综合治理的策略建议，为城市医院停车治理提供相应的思路。

【关键词】停车难；城市治理；停车挖潜；引导出行需求；优化停车模式；改善交通环境

作者简介

陈光荣，男，硕士，成都交投智能交通技术服务有限公司，高级工程师。电子邮箱：417655604@qq.com

李彩波，男，硕士，成都交投智能交通技术服务有限公司，高级工程师。电子邮箱：158778793@qq.com

站城融合视角下植入型地铁站域建成环境评价

——以青岛为例

王远凤　吴　亮

【摘要】地铁站域作为公共交通与城市环境的衔接区域，是人们交通出行及日常生活的必要场所，其建成环境应满足城市更新高效、绿色、人文关怀的要求，发挥轨道交通的廊道效应，促成大运量公共交通与城市的协调发展。但目前一些城市与地铁的非同步建设导致了两者的割裂与不平衡，交通空间与城市空间无法高效衔接。本文利用矢量路网、兴趣点等 GIS 多源空间数据及实地调研数据，基于建成环境的"5D"模型与《TOD 标准》，从密度、多样性、步行友好设计、目的地可达性 4 个维度出发，构建评价体系，考量青岛市 4 个典型植入型地铁站域建成环境状况。根据评价结果，总结站域重建空间有限、城市与轨道交通建设不同步、开发强度不匹配及公交网络不完善的发展症结，并提出针对性优化策略。

【关键词】地铁站域；建成环境；站城融合；"5D"模型；TOD 标准

作者简介

王远凤，女，在读硕士研究生，大连理工大学建筑与艺术学院。电子邮箱：1263196764@qq.com

吴亮，男，博士，大连理工大学建筑与艺术学院，副教授。

电子邮箱：wuliang1026@126.com

基金项目
辽宁省社会科学规划基金（L21BGL010）

12

面向国土空间规划领域的"交通—空间"互动耦合研究

——以武汉为例

张子培　李海军　冯明翔　郑　猛　余金林

【摘要】新时代规划转型背景下，全面服务于国土空间规划的交通仿真需要构建完整的体系架构，以适应国土空间规划编制、传导与管控过程中的各个需求场景。本文以武汉为例，通过剖析当前交通模型的量化分析作用，提出国土空间规划中交通仿真的研究方向在于厘清"交通—空间"互动耦合方向和核心指标；基于国土空间规划多层次需求场景的梳理，提出了交通与空间互动的技术路线，阐述了"交通—空间"互动耦合的算法支撑目标是界定城市空间类别、厘清空间联系关系，关键要素是时间效能和服务能力，其对应的核心指标是交通可达性和交通承载力。

【关键词】交通模型；交通可达性；交通承载力；国土空间规划；武汉

作者简介

张子培，男，硕士，武汉市规划研究院（武汉市交通发展战略研究院），主任工程师，工程师。电子邮箱：zxiaocmlll@163.com

李海军，男，博士，武汉市规划研究院（武汉市交通发展战略研究院），副院长，正高级工程师。电子邮箱：479964095@qq.com

冯明翔，男，博士，武汉市规划研究院（武汉市交通发展战略研究院），主任工程师，工程师。电子邮箱：mc_feng1228@

163.com

郑猛，男，硕士，武汉市规划研究院（武汉市交通发展战略研究院），所长，高级规划师。电子邮箱：119234178@qq.com

余金林，男，硕士，武汉市规划研究院（武汉市交通发展战略研究院），工程师。电子邮箱：921458062@qq.com

先验视角的居民出行调查抽样
和扩样问题仿真研究

陈先龙　马毅林　宋　程　陈嘉超

【摘要】本文针对居民出行调查抽样样本代表性和扩样结果可靠性的问题，从先验的视角进行研究。研究构造了基于居民出行调查抽样结果的小型总体和基于活动模型的大型总体，设计了基于仿真模拟的抽样和扩样方法，为重复和多次验证研究搭建了实验平台。研究验证了抽样率对出行距离分布的影响，且呈现抽样率越小波动越加剧的趋势，并总结了加权扩样模型所得到的扩样系数的分布规律。模拟实验发现加权扩样结果会减小平均居民距离，并将结论推广到对偏心分布总体，进而基于构造均匀分布和正态分布数据集进行了反证。研究结果表明，即便是大型总体抽样率达到 30%，针对小型总体和大型总体的抽样后扩样加权方法仍未能还原高质量的出行 OD。最后，重申应重视居民出行调查小样本调查的特性并回归恰当的利用方式。

【关键词】居民出行调查；抽样模型；扩样模型；仿真；先验视角

作者简介

陈先龙，男，博士，广州市交通规划研究院有限公司，教授级高级工程师。电子邮箱：314059@qq.com

马毅林，男，硕士，北京交通发展研究院，高级工程师。电子邮箱：mayilin191@163.com

宋程，男，硕士，广州市交通规划研究院有限公司，教授级

高级工程师。电子邮箱：510659684@qq.com

陈嘉超，男，本科，广州市交通规划研究院有限公司，高级工程师。电子邮箱：26339208@qq.com

国土空间体系下综合交通规划
适应性改革探索

——以北京市朝阳区为例

崔文博　　刘　韵

【摘要】在国家新型城镇化发展和国土空间规划体制机制改革背景下，交通规划以怎样形式和方法融入国土空间规划体系，在空间建构过程中如何通过交通规划从"对上编制"至"对下实施"全生命周期推进城乡规划建设与城市更新是当前为适应新时代发展理念、实现"以人民为中心"价值观所面临的亟待解决的议题。本文以交通与空间规划之间的相互支撑关系为切入点，总结交通规划实施工作改革的必要性，并探讨新规划体系对综合交通体系构建、制度设计以及传导机制方面的融合性思考。最后，以北京市朝阳区新一轮综合交通规划为例，在新技术手段和编制内容的创新规划范式下，提出综合交通规划实施策略与实践案例，为后续国土空间详细规划及综合实施方案提供战略引导和技术支撑保障。

【关键词】国土空间；综合交通；制度；机制；策略

作者简介

崔文博，女，硕士，北京艾威爱交通咨询有限公司，工程师。电子邮箱：cuiwenbo_ellie@163.com

刘韵，女，硕士，北京市城市规划设计研究院，教授级高级工程师。电子邮箱：13366725321@189.cn

全球标杆城市综合交通演进特征与深圳路径探讨

邓 琪 钟 靖

【摘要】2019 年,《中共中央 国务院关于支持深圳建设中国特色社会主义先行示范区的意见》出台,提出到 21 世纪中叶,深圳成为竞争力、创新力、影响力卓著的全球标杆城市的发展目标。本文总结纽约、伦敦、东京等全球标杆城市发展演进的四个阶段及交通体系特征,对照分析深圳在迈向全球标杆城市的进程中所处的发展阶段及挑战,从区域格局、湾区组织、城市服务、空间重塑等方面探讨深圳立足全球标杆城市的综合交通体系发展路径。

【关键词】全球标杆城市;交通治理;服务导向;安全韧性;深圳路径

作者简介

邓琪,男,硕士,深圳市规划国土发展研究中心,高级工程师。电子邮箱:5700274@qq.com

钟靖,女,硕士,深圳市规划国土发展研究中心,规划师,工程师。电子邮箱:zj393946477@163.com

北京市自行车专用路规划的思考

李世伟

【摘要】为建设自行车友好城市、推广绿色交通、提升城市韧性，本文选取北京市回龙观至上地自行车专用路为研究对象，利用实地调研、问卷调研和数据分析等方法，综合分析自行车专用路规划建设和使用情况、专用路与全市自行车出行对比，及建设方式对城市的影响。提出自行车专用路系统在规划建设中应注重与城市空间融合，注重人性化设计、区域协同发展，提出可推广、可复制的模式，为提升北京市自行车交通出行环境和设施水平提供借鉴。

【关键词】自行车专用路；道路工程；慢行交通；绿色交通；韧性城市

作者简介

李世伟，男，硕士，北京市城市规划设计研究院，工程师。电子邮箱：384593563@qq.com

空间治理背景下轨道衔接设施体检评估与应用

——以广州为例

巫瑶敏　谭明基　陈海伟

【摘要】我国城市轨道交通正处于大规模建设发展时期，但由于其线路固定、单一，极度依赖与其他交通方式的换乘服务以满足点到点的出行需求，因此为优化改善当前接驳服务质量、提高城市轨道交通出行效率和满意度，亟须研究开展轨道交通衔接设施体检评估工作。本文从设施功能、空间布局、衔接环境三个方面构建由12大项、28小项组成的轨道交通衔接设施评估指标体系，并以广州为例，对13条（段）、223个车站（换乘站不重复计算）的交通衔接设施进行全面体检评估，根据各项指标量化结果，以"因地制宜、分类施策"为原则，提出精细化治理优化对策。截至2022年年底，已有91个地铁站口衔接设施问题得到改善，市民满意度从58%提升至87%。该评估体系的构建有利于推动站点周边交通环境治理，助力塑造宜人舒适的城市高品质空间。

【关键词】城市轨道交通；交通衔接设施；接驳服务；评估指标；规划实施

作者简介

巫瑶敏，女，硕士，广州市交通规划研究院有限公司，工程师。电子邮箱：372020889@qq.com

谭明基，男，硕士，广州市交通规划研究院有限公司。电子邮箱：438096820@qq.com

陈海伟，男，硕士，广州市交通规划研究院有限公司，高级工程师。电子邮箱：302705147@qq.com

城市交通与土地利用发展和协同水平
组合评价方法构建与应用

马小毅　何鸿杰　刘明敏

【摘要】本文针对国土空间规划城市体检评估中特定颗粒度要求、交通和土地利用互动关系缺乏多维度评价等问题，提出一种基于节点场所（Node-Place）模型和数据包络分析（Data Envelopment Analysis，DEA）模型改进的组合评价方法。首先，基于 Node-Place 模型构造发展水平评价模型，计算交通设施和土地利用的指标综合值，并根据发展水平函数进行计算，获得表示区域开发程度的发展水平；然后，基于 DEA 模型构建协同水平评价模型，将交通设施和土地利用指标分别作为输入，另一方作为输出，计算两种情况下的投入产出效率，并根据协同水平函数进行计算，获得表示区域供需匹配程度的协同水平；最后，综合发展水平和协同水平，判断交通与土地利用协同的优化方向与幅度。另外，基于广州市组合评价的实际应用案例结果，组合评价方法可从发展水平和协同水平两个维度对区域进行评价，能够对比不同区域的开发强度和供需匹配状态，并提供指标优化值，为空间规划改进方向和幅度提供参考。评价结果可应用于空间资源投放水平判断等多种国土空间规划场景。

【关键词】国土空间规划；交通与土地利用；发展水平；协同水平；组合评价

作者简介

马小毅，男，研究生，广州市交通规划研究院有限公司，副总经理，教授级高级工程师。电子邮箱：406017386@qq.com

何鸿杰，男，研究生，广州市交通规划研究院有限公司。电子邮箱：38528244@qq.com

刘明敏，男，本科，广州市交通规划研究院有限公司，高级工程师。电子邮箱：robbenmanu@163.com

城市交通排放与扩散核算方法研究

屈新明　丘建栋　吕锴超　罗舒琳

【摘要】针对交通移动源核算工况测定精度低、本地化因子不健全、扩散研究不充分问题，本文自下而上地提出基于路段交通活动水平和排放因子的碳排放核算方法。融合浮动车、卡口、地磁多源数据，动态获取道路流量分布及服务水平，提出道路实时工况测定方法。基于工况特征回归分析，构建本地道路典型工况，对库匹配 HBEFA 模型，标定本地化碳排因子，并设计车辆尾气追踪分析实验进行因子修正，形成全面、准确的本地化车辆排放因子库。在此基础上，采用污染物扩散理论，提出基于地理空间网格化和高斯烟羽扩散模型的排放扩散计算方法，模拟并量化碳排放污染物的扩散过程，为道路移动源碳排放污染评估提供依据。

【关键词】交通碳排放；自下而上；排放因子；核算方法；排放扩散

作者简介

屈新明，男，硕士，深圳市城市交通规划设计研究中心股份有限公司，工程师。电子邮箱：quxinming@sutpc.com

丘建栋，男，博士，深圳市城市交通规划设计研究中心股份有限公司，教授级高级工程师。电子邮箱：qjd@sutpc.com

吕锴超，男，硕士，深圳市城市交通规划设计研究中心股份有限公司，工程师。电子邮箱：lvkaichao@sutpc.com

罗舒琳，女，硕士，深圳市城市交通规划设计研究中心股份有限公司，工程师。电子邮箱：luoshulin@sutpc.com

法律道德规范对骑行人行为影响分析与安全治理研究

胡博文　唐　翀

【摘要】 道路交通安全是城市韧性交通建设的题中应有之义。当前，非机动车已经成为我国城市居民的主要出行方式之一，但其在道路交通中处于弱势，交通安全状况不容乐观。相关研究表明，电动自行车等非机动车引发的交通事故在很大程度上与违规骑行行为有关。本文通过设计法律规范和道德规范对骑行人交通违法行为影响的调查问卷，开展问卷调查和数据整理。在此基础上构建法律规范和道德规范对骑行人交通违法行为影响模型，采用 SPSS 软件进行问卷数据有效性与一致性检验，以及数据相关性分析。采用分层回归模型，分析法律规范和道德规范对骑行人交通违法行为的影响机理。最后，根据识别的关键心理变量，从法规政策、教育宣传、道路建设等方面提出非机动车交通安全治理对策，以期为相关研究提供有益参考。

【关键词】 非机动车；交通安全；法律规范；道德规范；分层回归模型

作者简介

胡博文，男，在读硕士研究生，昆明理工大学建筑与城市规划学院。电子邮箱：2538485156@qq.com

唐翀，男，硕士，深圳市城市交通规划设计研究中心，深圳市城市交通规划设计研究中心西南事业部总经理，昆明理工大学建筑与城市规划学院硕士生导师，正高级工程师。电子邮箱：2538485156@qq.com

基于社区发现方法的北京通勤分区
识别及特征研究

张 鑫

【摘要】通勤作为城市出行的主要组成部分，成为城市规划工作者的研究重点之一。本文利用图论中的社区发现方法，以百度通勤大数据为基础，运用基于模块度的 Louvain 算法将北京市划分为 15 个通勤分区。同依据行政区为空间划分单元相比，本文划分的 15 个通勤分区能更好地反映职住分布的特征，为职住均衡提出新的空间测度；同时，以通勤分区为基础分析内部出行和对外出行的交通出行特征，以及人口和就业岗位的空间分布特征；最后，针对不同类型的通勤分区提出差异化的城市规划策略和建议。

【关键词】通勤分区；职住；社区发现

作者简介

张鑫，男，硕士，北京市城市规划设计研究院，正高级工程师。电子邮箱：31917563@qq.com

深莞惠都市圈产业—人口—出行特征分析及规划建议

郭　莉　邓　琪　周　军

【摘要】本文基于都市圈产业、人口和出行联系等多源数据，识别都市圈空间结构以及跨市组团联系特征，发现深圳都市圈总体上形成了双层、多中心结构，边界地区则形成了五大跨界融合组团，分为产业联系强—职住联系强、产业联系弱—职住联系弱、产业联系弱—职住联系强三种类型。基于中心区和跨市组团不同尺度和强度的出行需求，结合出行走廊识别分析，本文提出了交通规划建议。当前亟须从"都市圈一座城"视角，重新组织跨界区域的交通、职住、公共设施，加强资源要素互通共享，这将有赖于以都市圈为单元的空间规划和城市治理体系。

【关键词】都市圈；深莞惠；跨界组团；区域一体化

作者简介

郭莉，女，硕士，深圳市规划国土发展研究中心，高级工程师。电子邮箱：99129268@qq.com

邓琪，男，硕士，深圳市规划国土发展研究中心，高级工程师。5700274

周军，男，硕士，深圳市规划国土发展研究中心，正高级工程师。电子邮箱：422835812@qq.com

重型货运交通需求模型与应用研究

陈小鸿 刘 涵 杨志伟

【摘要】城市货运发展关乎经济保障，重型货运交通是建设高效货运服务网络的重要一环，对重型货运交通需求的建模解析是当前提升城市物流运营效率、优化货运设施布局的迫切需求。为准确把握货运交通需求与土地利用的关联，本文以深圳市重型货车为研究对象，基于深圳市注册的 12t 以上普通大货车的 GPS 数据，利用多尺度地理加权回归模型（Multiscale Geographically Weighted Regression，MGWR）来量化设施规模、人口数、兴趣点（Point of Interest，POI）数量、道路网络里程等要素对货运交通需求影响的空间异质性，并结合模型结果对现行货运交通管理政策的潜在影响进行分析。结果表明，MGWR 模型较传统 OLS 模型具有更佳的拟合优度，重型货运交通需求与工业和物流仓储两类主要用地类型的关联程度在空间上的确存在明显差异，重型货车主要集中在城市外围工业区与大型物流仓储园区。研究成果为因地制宜地制定货运交通管理政策提供了量化的数据支撑。

【关键词】重型货车；货运交通需求；多尺度地理加权回归模型；货运交通管理

作者简介

陈小鸿，女，博士，同济大学道路与交通工程教育部重点实验室，同济大学铁道与城市轨道交通研究院院长，（国家）磁浮交通工程技术研究中心主任，教授。电子邮箱：tongjicxh@163.com

刘涵，男，硕士，同济大学道路与交通工程教育部重点实验室。电子邮箱：lh990417@163.com

杨志伟，男，博士，同济大学道路与交通工程教育部重点实验室。电子邮箱：zhiwei_yang@tongji.edu.cn

重庆中心城区城市道路更新规划
研究与实践

李 雪 周 涛 吴翱翔 隆 冰 张菲娜

【摘要】随着我国城镇化进入快速发展中后期和人口增长放缓，基于存量设施完善的城市更新将逐步成为下阶段城市工作的主题。道路更新是城市更新的重要组成部分，但又存在特有的规划框架和技术手段。重庆市以提升人的出行品质为出发点，提出道路更新专项行动，形成了《中心城区城市道路更新规划设计导则》，并以此为指导开展了示范片区以及其余32个片区的城市道路更新规划方案编制与实施。本文基于重庆市中心城区城市道路更新经验，首先对道路更新的基本概念进行解析，然后分析了该导则的编制思路和主要内容，最后介绍了龙山示范片区的城市道路更新规划方案与实施情况，旨在总结构建道路更新的规划框架和技术手段，为今后不同城市的道路更新提供理论和技术参考。

【关键词】城市更新；道路更新；规划导则；品质提升；重庆市

作者简介

李雪，女，硕士，重庆市交通规划研究院，正高级工程师。电子邮箱：1070403886@qq.com

周涛，男，硕士，重庆市交通规划研究院，副院长，正高级工程师。电子邮箱：737599086@qq.com

吴翱翔，男，硕士，重庆市交通规划研究院，高级工程师。电子邮箱：1031669170@qq.com

隆冰，男，硕士，重庆市交通规划研究院，高级工程师。电子邮箱：longbing@bjtu.edu.cn

张菲娜，女，硕士，重庆市交通规划研究院，高级工程师。电子邮箱：24655681@qq.com

安心通学路规划设计策略研究

——以北京市黄城根小学为例

舒诗楠　池晓汐　马　瑞　陈冠男

【摘要】学校作为儿童、青少年学习、生活的重要场所，周边停车难、行车难等问题日益突出，不仅影响到城市道路交通的正常运行，同时给通学安全带来了巨大隐患。应对学校交通问题绝不是一味满足停车需求，而应以通学路环境改善为抓手带动区域交通综合治理，最大限度地减少机动车对儿童、青少年出行安全的影响，打造安全、友好、有趣味的通学环境。本文以北京市黄城根小学为例，分析了通学路人车混行、停车混乱、等候空间不足、缺少精细化设计等问题，总结国外城市通学路规划设计从基础设施改善向机动车交通管控转变的经验，从管控机动车通学、设置专用车位、拓展等候空间、打造友好环境四个方面制定了通学路规划设计策略，并提出了实施保障措施建议。

【关键词】通学路；停车；规划设计；儿童友好；北京市

作者简介

舒诗楠，男，博士，北京市城市规划设计研究院，高级工程师。电子邮箱：shushinan@126.com

池晓汐，女，硕士，北京市朝阳区宇恒可持续交通研究中心，工程师。电子邮箱：chixiaoxi@126.com

马瑞，女，硕士，北京艾威爱交通咨询有限公司，工程师。电子邮箱：marui@126.com

陈冠男，女，硕士，北京市城市规划设计研究院，高级工程师。电子邮箱：cgn@126.com

基于拓展 SEM 模型的共享汽车
用户使用意向分析

王哲源　李　星　乔俊杰　王　玥　邹禹坤　温　馨　郝偲成

【摘要】共享汽车作为一种新型交通方式，能够减少城市居民私家车的总体数量，进而缓解交通拥堵。随着共享汽车数量快速增长，其对于用户使用意向考虑不足等问题逐步显现。为深入研究用户使用意向对共享汽车的影响，本文基于问卷调查和统计分析、总结了成都市共享汽车用户的出行特征，通过设计 14 个潜变量及相应的观测项，构建用户使用意向模型，并结合计划行为理论、技术接受模型以及解构计划行为理论对结构方程模型进行拓展。结果表明，感知安全性、感知收费水平以及感知设施水平等因素对使用意向具有间接效果，而行为态度、主观规范和感知行为控制对共享汽车使用意向有直接效果。本文为增加共享汽车用户使用率、提升服务水平以及促进共享汽车发展等方面提供了一定的思路、方法和对策。

【关键词】共享汽车；使用意向；结构方程模型

作者简介

王哲源，男，硕士，成都市规划设计研究院，助理工程师。电子邮箱：410209053@qq.com

李星，男，硕士，成都市规划设计研究院，高级工程师。

乔俊杰，男，硕士，成都市规划设计研究院，高级工程师。

王玥，女，硕士，崇州市住建局，主任科员。

邹禹坤，男，硕士，成都市规划设计研究院，工程师。

温馨，女，硕士，成都市规划设计研究院，工程师。

郝偲成，女，硕士，成都市规划设计研究院，助理工程师。

基金项目
基于多元大数据与综合交通模型的交通规划分析应用技术研究

县域视角下的农村电商物流选址规划研究

李志鹏　　何　鹏

【摘要】现阶段我国学者对农村电商物流的研究主要集中在现状和存在问题、运营模式和发展策略等方面，而对于农村电商物流而言，如何结合其自身的特性，进行科学合理的选址规划以满足政府、企业和客户合理诉求是目前需要解决的一个重要问题。本文考虑到农村电商物流的自身缺陷，企业在进行配送中心选址时需要综合考量成本和收益，应当以利润最大化为优化目标；同时政府作为农村电商发展的重要参与方，所要考虑的是如何用有限的财政资源来促进物流企业为更多的农村居民提供电商物流配送服务，并要求选址中考虑需求覆盖率最大化因素。因此，本文基于这两个优化目标设计了配送中心双层规划选址模型，并考虑了政府补贴策略的影响。

【关键词】农村电商物流；配送中心选址；双层规划；政府补贴

作者简介

李志鹏，男，硕士，南京市城市与交通规划设计研究院股份有限公司，工程师。电子邮箱：1141820498@qq.com

何鹏，男，硕士，南京市城市与交通规划设计研究院股份有限公司，工程师。电子邮箱：315211580@qq.com

城市交通低碳发展战略与决策
支持技术研究
——以长三角生态绿色一体化发展示范区为例

李玮峰　徐晨捷　阎桑慧宇　李　健

【摘要】在"双碳"目标背景下，交通运输行业低碳转型具有迫切性和必要性，但交通低碳转型战略和路径存在不确定性，对政府部门制定减碳政策、企业部门发展减碳相关技术带来巨大的挑战。本文在"双碳"目标下构建城市交通低碳发展路径分析框架，研究交通碳排放测算方法、交通碳排放管理策略等关键技术，并以长三角生态绿色一体化发展示范区货运交通绿色低碳发展为例，探讨城市交通低碳转型的技术路径与政策建议，为相关规划编制、政策制定和技术研发等工作提供支持。研究结果为交通运输领域低碳转型的测算、评价和落实等方面提供决策依据，对政府相关部门制定城市交通系统减排目标和政策措施具有实际的参考意义，对企业制定业务发展规划亦具有战略价值。

【关键词】"双碳"目标；交通低碳发展；碳排放测算；情景分析

作者简介

李玮峰，男，博士，同济大学，助理研究员。电子邮箱：liweifeng@tongji.edu.cn

徐晨捷，男，在读硕士研究生，同济大学。电子邮箱：2031344@tongji.edu.cn

阎桑慧宇，女，在读博士研究生，同济大学。电子邮箱：2111508@tongji.edu.cn

李健，男，博士，同济大学，副教授。电子邮箱：lijian@tongji.edu.cn

城市桥下空间提升利用设计方法及应用

陈　琳　马海红　莫　飞　刘剑锋　张亚男

【摘要】我国大城市的桥下空间普遍存在封闭、灰暗、割裂城市等问题。《北京市城市更新专项规划》明确提出"利用桥下等未被充分利用的消极空间，打造有一定实效的公共空间"。本文在梳理、总结国内外城市桥下空间提升利用实践和经验的基础上，研究城市桥下空间提升利用的设计方法。从桥下空间的安全、尺度、可达、环境、使用和权属六个方面评估其提升利用的适宜性，以解析桥下空间的主导功能和建设目标。依据桥下空间的功能类型，构建桥下空间提升利用设计工具包，并提出有针对性的实施策略。最后，结合北京天宁寺桥桥下空间提升利用试点实施，为城市桥下空间提升利用设计提供可复制、可推广的经验。

【关键词】桥下空间；提升利用；评估体系；设计引导

作者简介

陈琳，女，硕士，北京城建交通设计研究院有限公司，高级工程师。电子邮箱：lynnchen2010@qq.com

马海红，女，硕士，北京城建交通设计研究院有限公司，教授级高级工程师。电子邮箱：78699276@qq.com

莫飞，女，硕士，北京城建设计发展集团股份有限公司，教授级高级工程师。电子邮箱：mofei@bjucd.com

刘剑锋，男，博士，北京城建交通设计研究院有限公司，院长。电子邮箱：liujianfeng1@bjucd.com

张亚男，女，硕士，北京城建交通设计研究院有限公司，工程师。电子邮箱：zhangyananjy@163.com

国家城市道路网可靠性监测
平台的设计与实现

李　岩　　王继峰　　陈　莎　　王雨轩　　毛海虓

【摘要】本文针对现有路网可靠性评估系统存在的使用指标单一化、应用路网范围局限化、输入数据简单化、仿真预测偏差化等问题，设计出一套国家城市道路网可靠性监测平台。该平台可实时采集、存储、交互海量路网数据，依据多维可靠性评估指标库，实现可靠性指标测算、可靠性结果可视化、可靠性综合评估诊断、可靠性国家监测及报告发布五大功能模块。该平台可辅助道路管理者精准识别路网运行敏感点，并及时采取预防及恢复准备措施，实现国家层面和城市层面的路网可靠性监测评估。

【关键词】交通规划；城市路网；可靠性；平台

作者简介

李岩，男，硕士，中国城市规划设计研究院，工程师。电子邮箱：610299508@qq.com

王继峰，男，博士，中国城市规划设计研究院，教授级高级工程师。电子邮箱：jwangcaupd@qq.com

陈莎，女，硕士，中国城市规划设计研究院，高级工程师。电子邮箱：55236219@qq.com

王雨轩，男，本科，中国城市规划设计研究院，助理工程师。电子邮箱：steven850443850@vip.qq.com

毛海虓，男，博士，中国城市规划设计研究院，高级工程

师。电子邮箱：877396964@qq.com

基金项目

国家重点研发计划资助项目"基于城市高强度出行的道路空间组织关键技术"（2020YFB1600500）

02 交通规划与实践

特大城市主副城交通提升策略研究

张华龙　刘　凯　王岳丽　邓　帅　张子培

【摘要】为探索特大城市主城与副城综合交通衔接提升方法与策略，本文以武汉市为例，借鉴国内外典型案例经验，分析主、副城现状综合交通衔接现状及存在的问题，发现主、副城间道路交通射线拥堵及建设形式不匹配、客货运相互干扰、通道布局存在缺陷、轨道交通时效性差、临界区慢行割裂等问题，结合交通需求预测与城市山水空间格局，识别出八大主要发展走廊。重点从复合交通走廊构建、轨道快线网络优化、货运通道优化、各副城方向综合交通提升策略入手，从空间、容量、效率三个方面确定高标准复合交通走廊，提升主、副城间综合交通衔接水平，支撑特大城市空间格局发展。

【关键词】特大城市；主城与副城；策略研究；交通提升；复合交通走廊；

作者简介

张华龙，男，硕士，武汉市规划研究院。电子邮箱：404664471@qq.com

刘凯，男，硕士，武汉市规划研究院。电子邮箱：404664471@qq.com

王岳丽，女，硕士，武汉市规划研究院。电子邮箱：404664471@qq.com

邓帅，男，硕士，武汉市规划研究院。电子邮箱：652485344@qq.com

张子培，男，硕士，武汉市规划研究院。电子邮箱：404664471@qq.com

"双碳"目标下天津低碳城市交通探索与研究

韩　宇　邹　哲　张红健

【摘要】"双碳"目标的提出是推动经济社会的系统性变革。城市减碳是一个复杂的系统工程，城市交通作为城市出行的必要支撑，需要在体系构建上从适应城市发展角度提出清晰的目标与方向，并与城市规划形成紧密互动。在碳达峰、碳中和目标背景下，本文利用"总量—结构"法模型对天津市城市客运交通体系碳排放进行测算，并通过不同发展情景分析，与交通基础设施发展匹配，提出适合天津的低碳城市客运交通体系，支撑城市"双碳"目标的实现。

【关键词】"双碳"目标；天津；城市客运；交通体系

作者简介

韩宇，男，硕士，天津市城市规划设计研究总院有限公司，正高级工程师。电子邮箱：24886053@qq.com

邹哲，男，本科，天津市城市规划设计研究总院有限公司，正高级工程师。电子邮箱：24886053@qq.com

张红健，女，硕士，天津市城市规划设计研究总院有限公司，工程师。电子邮箱：24886053@qq.com

长株潭都市圈交通一体化规划研究

宋洪桥

【摘要】大力推进都市圈同城化建设是实施新型城镇化战略的重要手段，中心城市和城市群正成为发展要素的主要空间形式，长株潭都市圈发展正当其时。本文在同城化高质量发展的背景下，根据国家战略要求和长株潭都市圈功能定位，总结并分析了长株潭都市圈交通发展现状成就和存在的问题，探讨了长株潭都市圈交通发展的总体思路和发展方向，并根据不同空间层次提出交通一体化发展对策。一是打造"对外开放"的都市圈综合交通，二是塑造"生态融合"的绿心交通网络，三是形成"同城同网"的融城交通体系，四是建立"共建共享"的交通发展机制。

【关键词】同城化；高质量；长株潭都市圈；交通一体化

作者简介

宋洪桥，男，硕士，长沙市规划勘测设计研究院，高级工程师。电子邮箱：261760474@qq.com

国土空间规划背景下交通设施用地规划研究

宋洪桥

【摘要】本文从交通基础设施的项目库搭建和"三区三线"协调划定方面开展了相关研究。首先，在建立交通基础设施国土空间资源储备项目库方面，研究了项目范围和对象、建库思路和原则、用地标准和规模等相关内容。其次，在"三区三线"协调划定与交通叠加分析的基础上，建议结合不同的空间采取相应的协调划定策略：对于农业空间，更注重精明的交通供给方式，在协调划定永久基本农田的过程中采取刚性管控与弹性建设的策略；对于生态空间，更注重降低交通所带来的人为影响，在协调划定生态保护红线的过程中采取主动避让和无害化穿越策略；对于城镇空间，更注重强化交通所对于发展的支撑，在协调划定城镇开发边界的过程中采取融合发展与优化区域设施的策略。最后，就"三区三线"划定过程中存在的问题，针对划定阶段、规划阶段和建设阶段提出了相关建议。

【关键词】国土空间规划；"三区三线"划定；交通基础设施；叠加分析

作者简介

宋洪桥，男，硕士，长沙市规划勘测设计研究院，高级工程师。电子邮箱：261760474@qq.com

杭州都市圈多层次轨道交通发展策略研究

邓良军　周呆尧

【摘要】多层次轨道交通融合发展是实现都市圈高质量一体化发展的重要路径，也是打造都市圈1小时通勤圈的重要手段。本文在杭州都市圈发展特征以及既有轨道交通设施分析的基础上，深入剖析杭州都市圈多层次轨道交通发展存在的问题，从明确功能分工、优化网络布局、完善换乘体系、提升运营服务、强化站城融合五个方面提出了多层次轨道交通的发展策略，为实现"轨道上的杭州都市圈"提供支撑。

【关键词】多层次；轨道交通；都市圈；发展策略

作者简介

邓良军，男，硕士，杭州市规划设计研究院，高级工程师。电子邮箱：114103272@qq.com

周呆尧，男，硕士，杭州市规划设计研究院，高级工程师。电子邮箱：14989184@qq.com

城市更新地区交通改善策略研究

——以淮安 X 地块为例

韩林宁

【摘要】交通系统改善是城市更新的重要环节，对促进地块发展和提升居民生活品质有着重要的作用。本文以淮安 X 地块为例，详细梳理了现状地块的交通问题，并在现状条件、上位规划、发展目标等多重约束条件下，从道路网络（含道路断面）、公共交通、停车设施、慢行交通等方面提出了具体的交通改善策略和实施方案，重点突出存量设施、存量空间的优化集约利用以及多种规划要素（如开放空间和慢行系统、城市红线与退线空间、桥下空间与停车设施等）之间的有机协调，对促进城市更新地区的交通可持续发展具有积极的意义。

【关键词】城市更新；交通系统改善；交通规划

作者简介

韩林宁，男，硕士，江苏省规划设计集团交通规划与工程设计院，工程师。电子邮箱：842062436@qq.com

基于就业中心推动职住平衡精准落地研究

陈易林　唐小勇

【摘要】重庆市中心城区规模以上就业中心聚集了一半以上的通勤岗位，也是职住失衡最突出的区域，解决好这些大型就业中心的问题就是抓住了改善城市职住关系的"牛鼻子"。本文以重庆中心城大型就业中心为抓手，依托大数据分析，研究在城市发展和规划实施过程中如何推动城市职住平衡精准落地。基于手机信令和用地大数据识别大型就业中心空间分布，通过机动化通勤距离、5km 以内通勤人口占比、通勤吸引范围、轨道覆盖通勤比重五个指标定量评价就业中心职住平衡水平，提出构建邻近空间的职住平衡、依托轨道的职住平衡等措施改善就业中心职住平衡关系。

【关键词】就业中心；产城融合；职住平衡；手机信令

作者简介

陈易林，女，硕士，重庆市交通规划研究院，工程师。电子邮箱：729561434@qq.com

唐小勇，男，博士，重庆市交通规划研究院，正高级工程师。电子邮箱：71780735@qq.com

城市更新背景下的更新试点交通规划研究

刘学丽

【摘要】"十四五"规划纲要等一系列国家文件中明确提出推进以人为核心的新型城镇化建设，实施城市更新行动，推动城市品质提升、空间结构优化。城市更新成为解决城市目前发展阶段面临问题的一大重要抓手，交通基础设施的规划作为其中的重中之重，对其的研究具有重大意义。本文首先总结了国内外目前城市更新背景下的交通规划相关研究，而后以东营市经济技术开发区某更新试点为例，在设计理念中注重"完整街道"、适用老龄化、低碳经济、精细化管理等创新政策，详细分析其在道路改造更新、停车设施补建、公共交通优化、"微循环"交通组织等方面的交通规划探索，以达到提升交通出行品质、改善居民出行服务水平的目的，从而提升城市品质。

【关键词】城市更新；完整街道；停车设施；交通组织；精细化管理

作者简介

刘学丽，女，硕士，山东省交通规划设计院集团有限公司。电子邮箱：1042338315@qq.com

城市高密度背景下空间存量与交通耦合的科学认识与探索

——以我国澳门地区为例

林衍新　金　伟　程　坦　温　馨

【摘要】我国城镇化发展进入新阶段，高密度旧城存量地区交通矛盾日益突出。为实现旧城存量地区在各类约束条件下的交通提升，需要结合城市更新在交通的容量、结构、品质、服务等方面进行系统优化，在规划建设中处理好城市空间存量与交通的耦合关系，促进综合交通体系的完善，满足城市高质量发展及人民高品质生活的需要。本文以我国澳门地区为例，剖析高密度旧城存量地区的主要交通问题，研究分析旧城存量地区的交通规划策略，探索提出交通优化提升的相关措施。

【关键词】旧城存量地区；交通规划策略；交通容量；空间存量；城市更新

作者简介

林衍新，男，硕士，澳门交通事务局，局长。电子邮箱：KevinLam@dsat.gov.mo

金伟，男，博士，重庆市交通规划研究院，院长。电子邮箱：361758048@qq.com

程坦，男，硕士，重庆市交通规划研究院，总工程师，正高级工程师。电子邮箱：361758048@qq.com

温馨，女，硕士，重庆市交通规划研究院，工程师。电子邮箱：361758048@qq.com

广元老城更新背景下的交通优化策略

陈彩媛　易青松　杨雪琦　何雨潇

【摘要】新时代存量背景下的更新行动是城市高质量发展的必然要求，老城更新对激发老城发展活力、提升老城宜居品质具有重要意义。开展城市更新相关交通研究，既是存量地区优化与提升的需要，也是综合交通系统更新与完善的基础。本文以四川省广元市为例，结合实地调研、问卷调查、部门访谈等方法，综合分析广元老城面临的道路交通拥堵、停车矛盾突出、慢行环境不佳、公交服务不足等交通问题。在严格保护历史文化和充分利用有限道路空间资源的前提下，明确老城区交通优化坚持"微更新"、坚持需求管理、坚持公交和慢行优先的基本原则，提出局部优化道路网络、适度增加停车设施供给、优化常规公交服务、完善慢行交通系统等针对性优化策略。

【关键词】城市更新；交通优化；老城区；广元

作者简介

陈彩媛，女，硕士，中国城市规划设计研究院西部分院，交通所业务主任，高级工程师。电子邮箱：381218194@qq.com

易青松，男，硕士，中国城市规划设计研究院西部分院，交通所业务主任，高级工程师。电子邮箱：379492821@qq.com

杨雪琦，女，硕士，中国城市规划设计研究院西部分院，工程师。电子邮箱：1303392740@qq.com

何雨潇，女，本科，重庆市铜梁区规划和自然资源局，空间规划科科长，专业技术九级。电子邮箱：332449305@qq.com

世界级城市交通战略发展特征与启示

钟 靖

【摘要】随着城市功能提升，我国城市交通体系面临新的挑战，发展目标及策略亟须作出调整。本文在总结纽约、伦敦、东京等世界级城市交通历史发展阶段与特征的基础上，解读其新一轮交通发展战略规划，从发展目标、公共交通、步行和自行车交通、交通新技术、交通与土地协调发展、交通品质提升等方面总结其发展经验，为我国城市交通战略制定提供一定参考。

【关键词】世界级城市；交通战略；交通发展特征

作者简介

钟靖，女，硕士，深圳市规划国土发展研究中心，工程师。
电子邮箱：393946477@qq.com

城市更新背景下传统商圈交通体系重塑研究

——以青岛市中山路商圈为例

刘淑永

【摘要】传统商圈普遍存在活力不足、公共服务配套欠缺、人行环境不佳、停车位缺乏等问题，探索传统商圈城市更新与交通体系重构有机融合的路径和做法具有重要意义。本文以青岛中山路商圈为例，基于绿色低碳、人本包容的交通发展理念，在现状分析的基础上，从建设步行街区、优化交通组织、提升公交服务水平、优化人行环境、适当增加停车位及临时停车位供应、设置弹性路权空间等方面提出了城市更新与交通体系重构的策略和规划方案，对于中山路传统商圈的更新改造实践具有现实指导意义。目前，大部分规划方案已经或正在实施中。

【关键词】城市更新；传统商圈；交通体系重塑；研究

作者简介

刘淑永，男，本科，青岛市城市规划设计研究院，交通分院副院长，正高级工程师。电子邮箱：734141540@qq.com

超大城市引入高铁线路规划研究

——以深汕高铁为例

唐 炜 曾 雄

【摘要】中国的城市发展进入以城市群为主体形态的阶段，高速铁路的规划建设对城市战略地位提升和经济发展的作用已完全显现。深圳很早就开始谋划新增深汕高铁以引入沿海高铁战略通道，在区域高铁网络已经趋于稳定、深圳城市开发强度和密度极高的背景下，如何开展高铁线路规划成为城市发展的重要议题。本文系统分析了深汕高铁规划面临的如何论证引入必要性、如何将枢纽与城市空间耦合、如何在高密度建成区保障高铁技术标准、如何在复杂开发环境下预控通道四个问题，针对以上问题针对性地提出规划设计层面的四项策略，并从高铁引入、枢纽布局、通道规划、通道预控四个层面提出明确方案。

【关键词】超大城市；高密度开发；高速铁路；城市空间结构；枢纽布局

作者简介

唐炜，男，硕士，长沙市规划勘测设计研究院，工程师。电子邮箱：tang312wei@163.com

曾雄，男，本科，深圳市城市交通规划设计研究中心股份有限公司，工程师。电子邮箱：806965625@qq.com

城乡客货邮融合发展规划研究

张肖斐

【摘要】随着电商的快速发展，我国乡村居民线上消费对快递的需求越来越大，同时乡村特色产业的发展也有大量的寄递需求。构建开放惠民、集约共享、安全高效、双向畅通的乡村寄递物流体系，实现县级寄递公共配送中心、乡镇公共配送综合服务站、村级寄递物流综合服务站全覆盖是促进乡村振兴的有效手段。本文通过分析某县客货邮融合发展规划目标、规模预测、布局规划及服务范围，为城乡客货邮融合发展相关规划提供了参考和借鉴。

【关键词】客货邮；融合发展；规划布局；服务范围

作者简介

张肖斐，男，本科，洛阳市规划建筑设计研究院有限公司，主任工程师，高级工程师。电子邮箱：309082724@qq.com

区域协同背景下对丽水市多层次铁路系统发展的思考

陈小利　毛海涛　鲁亚晨

【摘要】区域协同发展背景下，丽水市以"北融长三角、南接海峡西、东西山海协作"为战略发展目标。铁路系统的高速互联互通是丽水融入区域发展的必要条件，也为不断推进协同发展向深度广度延伸提供有力的硬件支撑。本文结合丽水市融入区域协同发展的要求和区域输运廊道的构建，提出丽水市应发展多层次的铁路系统，包括战略上预留超高速磁悬浮、多方向完善高速铁路网、利用既有普速铁路网发展市域郊铁路，以及结合重点旅游景点探索适合丽水山地城市的山地轨道系统来支撑区域协同发展，助力丽水市成为浙西南的中心城市、枢纽城市。

【关键词】区域协同；多层次；铁路

作者简介

陈小利，女，硕士，杭州市规划设计研究院，高级工程师。电子邮箱：1825536584@qq.com

毛海涛，男，硕士，杭州市规划设计研究院，高级工程师。电子邮箱：302873071@qq.com

鲁亚晨，男，硕士，杭州市规划设计研究院，高级工程师。电子邮箱：719991715@qq.com

高质量发展背景下长株潭交通一体化研究

——以长株、长潭间道路和公交为例

伍 艺 刘 奇

【摘要】长株潭一体化是新时代湖南省、长沙市践行国家高质量发展、"美丽乡村"等国家战略的重要体现。长株潭一体化发展历经 20 余年的发展，长株潭城际铁路、城际干道建设取得突破性进展，提高了三市联系时效，但长株潭交通一体化仍存在路网体系不完善、衔接区域公路服务水平低、城际公交竞争力弱等问题。本文基于长株潭交通一体化建设问题及一体化、高质量的新时代建设要求，提出打造发达的干线网、广泛的基础网、便捷的公交网三大策略，抓重点、强基础、提服务，着力打造长株潭都市区"半小时交通圈"，优化长株、长潭衔接区域农村地区的交通出行。

【关键词】长株潭；一体化；城际道路；城际公交；"美丽乡村"

作者简介

伍艺，女，硕士，长沙市规划勘测设计研究院，工程师。电子邮箱：wuyinuli@163.com

刘奇，男，硕士，长沙市规划勘测设计研究院，长沙市交通规划研究中心副主任，高级工程师。电子邮箱：70953008@qq.com

长沙市城区交通高质量发展近期策略研究

伍 艺 李炳林 文 颖 张翼军

【摘要】构建高质量城市综合交通体系是长沙市深入实施"强省会""三高四新"战略的重要切入点和发力点，是加快推进现代化国际城市的重要支撑。转变城市交通发展方式、优化出行结构、提高交通设施容量，是缓解城市交通拥堵、优化城市国土空间布局的重要手段。本文系统分析了长沙市交通供需特征，从机动化出行需求、交通基础设施、城市功能布局等方面总结了长沙市交通发展存在的不足，结合国内城市推动交通高质量发展的经验和策略，从扩容增效骨干道路、提升绿色交通品质、支撑城市空间优化、打通交通微循环四个方面提出了对策建议。

【关键词】快速化改造；轨道环线；交通微循环；智轨；绿道

作者简介

伍艺，女，硕士，长沙市规划勘测设计研究院，工程师。电子邮箱：wuyinuli@163.com

李炳林，男，硕士，长沙市规划勘测设计研究院，长沙市交通规划研究中心主任工程师，高级工程师。电子邮箱：86791011@qq.com

文颖，男，硕士，长沙市规划勘测设计研究院，高级工程师。电子邮箱：nbpiwy@163.com

张翼军，男，硕士，长沙市规划勘测设计研究院，高级工程师。电子邮箱：376989450@qq.com

都市圈一体化交通系统构建模式研究

——以成都市为例

谭 月 向 蕾

【摘要】东京、纽约、巴黎等具有竞争力的国际大都市普遍呈现都市圈的发展特征，中心城市带动周边区域，形成协同联动发展的格局。同时，国家城镇化发展相关政策明确提出要培育发展一批现代化都市圈，形成区域竞争新优势，以都市圈作为拉动经济增长、促进区域协调发展、参与国际竞争合作的平台。都市圈空间范围大，内部中心城市与周边城市距离远，功能、产业、服务等交互需求强，存在多元化的交通出行需求，需要以高效一体协同的交通系统提供有力的支撑。本文以成都市为例，基于都市圈一体化发展空间与功能格局，结合都市圈交通出行特征，对都市圈打破行政界限、围绕功能互动与一体化发展格局、构建高度融合的交通系统提出建议。

【关键词】都市圈；一体化；交通模式

作者简介

谭月，男，硕士，成都市规划设计研究院，高级工程师。电子邮箱：546304836@qq.com

向蕾，女，硕士，成都市规划设计研究院，工程师。电子邮箱：635926192@qq.com

长三角一体化背景下上海大都市圈紧密联系机场群协同发展初探

陈心雨　杨　晨　陈俊彦

【摘要】紧密联系机场群协同是上海大都市圈协同发展的一个重要议题，该机场群规模介于长三角机场群与上海多机场体系之间。其与上海多机场体系相比，没有统一的管理运营机构；与长三角机场群相比，更需要科学、密切地在战略与运营层面进行协同与合作。上海大都市圈紧密联系机场群如何从各自为政转化为健康、适度竞争与协同合作并存，以推动上海世界级航空枢纽建设为整体目标，是一项需要尽快开展和长期跟踪的研究工作。本文通过对上海大都市圈紧密联系机场群基本情况进行分析，在借鉴国内外经验的基础上，提出了上海大都市圈紧密联系机场群协同发展总体愿景，并形成了起步阶段适合应用的协同策略，以期为下一步切实开展实践提供思路。

【关键词】机场群；协同发展；上海大都市圈；长三角一体化

作者简介

陈心雨，女，硕士，上海市城乡建设和交通发展研究院，助理工程师。电子邮箱：357804469@qq.com

杨晨，男，博士，上海市城乡建设和交通发展研究院，高级工程师。电子邮箱：178106913@qq.com

陈俊彦，男，硕士，上海市城乡建设和交通发展研究院，工程师。电子邮箱：vangreen@163.com

长三角一体化背景下嘉兴市综合交通发展新思路

顾　煜　刘　梅　王晔涵

【摘要】在长三角一体化发展背景下，以嘉兴市为代表的部分城市面临着新的机遇和挑战。在新背景下，本文从基础设施建设、机动化水平、区域一体化水平等方面总结长三角相似城市交通发展的共同点，并在此基础上从对外交通、市域交通、市区交通三个维度对嘉兴市综合交通发展现状和存在问题进行剖析，分析未来发展新趋势，立足嘉兴市城市发展阶段的现实条件，在区域、市域和市区三个空间尺度打造嘉兴市综合交通发展模式，提出嘉兴市的综合交通发展策略和思路。

【关键词】长三角；一体化；综合交通；嘉兴

作者简介

顾煜，男，硕士，上海市城乡建设和交通发展研究院，上海城市综合交通规划研究所，副总工程师，高级工程师。电子邮箱：18257695@qq.com

刘梅，女，硕士，上海市城乡建设和交通发展研究院，工程师。电子邮箱：825474418@qq.com

王晔涵，女，硕士，上海市城乡建设和交通发展研究院，助理工程师。电子邮箱：958137064@qq.com

低碳视野下 TOD 开发模式的探索、实践与思考

李毅军　周　涛　孙琴梅

【摘要】在碳达峰、碳中和的时代要求下，新时期的城市开发和交通规划也融入低碳发展的新理念与新思路。本文从低碳视角下出发，阐述了以公共交通发展为导向（Transit Oriented Development，TOD）发展模式的基本内涵，详细分析了 TOD 发展模式下交通的主要碳源，引发对 TOD 发展模式下交通减排减碳的思考，提出了三点关于交通减碳与开发利用的想法，既要公交优先和站城融合，也要集约紧凑和功能复合，还要有序出让和土地增值。最后，以重庆四公里 TOD 为例，对交通碳排放的基本情况进行研究，分析总结了现状问题，结合减排减碳的目标，提出了未来四公里 TOD 交通发展需要重点考虑的因素。

【关键词】碳排放；TOD 模式；公共交通；发展研究

作者简介

李毅军，男，硕士，重庆市交通规划研究院，工程师。电子邮箱：1030599259@qq.com

周涛，男，本科，重庆市交通规划研究院，副院长，正高级工程师。电子邮箱：1030599259@qq.com

孙琴梅，女，硕士，重庆市交通规划研究院，正高级工程师。电子邮箱：1030599259@qq.com

基金项目

重庆英才计划 CQYC20210207147

市域（郊）铁路可持续发展的思考

周　勇　徐吉庆　张倩璐　张　超

【摘要】规划设计城市群、都市圈内经济高效和可持续的市域（郊）铁路（包括速度标准更高的城际铁路公交化）是我国当下轨道交通发展的热点问题。本文按照传统的市域（郊）铁路、市域快线（城轨制式）和城际铁路公交化（更高速度）三类，对我国已运营的 21 条典型线路关键数据进行采样统计和对比分析，对标国际大都市圈同类城市的市域（郊）铁路规划、建设和运营经验，以厦漳泉都市圈和粤港澳大湾区为例重点探讨中国市域（郊）铁路规划设计在提高客流效益、实现可持续发展方面所面临和关注的问题。提出市域（郊）铁路发展应充分认识市域（郊）铁路供给侧提供什么样的产品才能满足和适应我国不同城市发展条件下需求侧的要求，实现可持续发展。

【关键词】市域（郊）铁路；规划设计；可持续发展

作者简介

周勇，男，硕士，中铁二院工程集团有限责任公司，教授级高级工程师。电子邮箱：zhou-y123@163.com

徐吉庆，男，本科，中铁二院工程集团有限责任公司，高级工程师。电子邮箱：283091669@qq.com

张倩璐，女，硕士，中铁二院工程集团有限责任公司，工程师。电子邮箱：1326209491@qq.com

张超，男，硕士，中铁二院工程集团有限责任公司，高级工程师。电子邮箱：315498813@qq.com

高质量发展背景下的国土空间道路规划思考

苑少伟　刘翰宁　胡　胜　王伯文

【摘要】新时期高质量发展背景下，交通强国和区域协调战略加快谋划和推进，立体交通网络建设、国土空间规划编制为道路规划带来新机遇，城镇化进程中交通出行需求总量、距离和方式等的变化对道路规划提出新要求。本文以广州市国土空间规划中的道路专项为研究对象，通过分析城市交通高质量发展新要求，从加强区域辐射、优化道路体系、提升路网结构、谋划复合走廊、推进道路提升、调整道路空间、明确体系传导等方面提出关于道路规划转型重点的思考，以应对新增挑战，化解既有问题，引导城市道路交通高质量发展。

【关键词】高质量发展；国土空间规划；道路规划；体系优化；网络重构

作者简介

苑少伟，男，硕士，广州市交通规划研究院有限公司，高级工程师。电子邮箱：624658847@qq.com

刘翰宁，女，硕士，广州市交通规划研究院有限公司，工程师。电子邮箱：2399768722@qq.com

胡胜，男，硕士，广州市交通规划研究院有限公司。电子邮箱：188810644@qq.com

王伯文，男，本科，广州市交通规划研究院有限公司，助理工程师。电子邮箱：836701900@qq.com

珠三角地区城际铁路建设运营思考

罗晨伟　　叶树峰

【摘要】为了加强城际铁路的综合竞争力、提升城际铁路客流效益，本文研究了珠三角地区的城际铁路发展情况。首先，研究城际铁路的诞生及演变过程，明确城际铁路的发展背景和多样性。其次，结合珠三角城际铁路的建设情况，剖析现状存在的问题，阐述未来面临的发展机遇。最后，提出优化线路布局及功能、统一线路运营主体、强化公交化运营水平、推动站城融合开发四点思考。

【关键词】珠三角地区；城际铁路；规划建设；公交化运营；站城融合开发

作者简介

罗晨伟，男，硕士，广州市交通规划研究院有限公司，助理工程师。电子邮箱：598825718@qq.com

叶树峰，男，硕士，广州市交通规划研究院有限公司，高级工程师。电子邮箱：494221526@qq.com

城市轨道交通线路沿线控规调整策略探讨

——以广州市为例

李秋灵

【摘要】2022 年年末，全国开通运营城市轨道交通线路 290 条，运营里程 9584km，城市轨道交通呈现出良好的发展态势。为推进城市轨道交通工程建设实施，根据《城乡规划法》，须对城市轨道交通工程线路沿线控规进行调整。本文以广州市为例，介绍了城市轨道交通线路沿线控制性详细规划调整的类型、程序、特点和控规方案编制内容，并提出了当前控制性详细规划调整工作中存在的问题及调整策略建议。

【关键词】城市轨道交通；控制性详细规划；调整策略

作者简介

李秋灵，女，硕士，广州市交通规划研究院有限公司。电子邮箱：qiuling0829@qq.com

基于"三调"数据的交通用地保障分析研究

李健行　黄启乐

【摘要】第三次全国国土调查（简称"三调"）是国家制定经济社会发展重大战略规划、重要政策举措的基本依据，也是国土空间规划和各类相关专项规划的统一基数和底图，目前已进入成果应用阶段。促进土地节约集约利用、充分发挥土地效能是实现高质量发展的必由之路，《交通强国建设纲要》要求"牢牢把握交通'先行官'定位"，保障交通运输用地至关重要。本文以广州为例对交通运输用地的发展数据进行深入研究，构建专用的评价指标体系对"二调""三调"期间交通用地保障情况进行分析，提出基于提升用地节约集约水平和交通与城市协同水平的交通运输用地保障目标与方法，具有较强的可操作性，为后续"三调"成果应用及交通用地保障提供参考，可供国内相关城市借鉴。

【关键词】"三调"；交通运输用地；用地保障

作者简介

李健行，男，本科，广州市交通规划研究院有限公司，副所长，高级工程师。电子邮箱：15473424@qq.com

黄启乐，男，硕士，广州市交通规划研究院有限公司，高级工程师。电子邮箱：qilehuang@foxmail.com

大城市外围区域轨道交通沿线公交社区规划实践

——以深圳市地铁 16 号线坪山段为例

叶海飞　张　彬　徐　茜

【摘要】受城乡二元特征影响，大城市外围区域普遍存在城市及交通整体发展水平较低、出行客流稀疏等问题，而轨道交通的建设将使区域常规公交进一步面临客流萎缩的现实问题。如何围绕轨道站点，通过优化轨道沿线用地规划布局，打造"轨道—公交—慢行"三网融合、服务高效、充满活力的公交社区，是实现公交与轨道的融合发展、发挥轨道引领城市发展的重要举措。本文以深圳市地铁 16 号线坪山段为例，结合轨道沿线城市交通发展特征，从强化用地集聚、注重街区营造、公交整合服务、渐进式实施等方面，系统探索了轨道交通沿线公交社区规划建设的总体思路，为其他大城市外围区域轨道交通沿线公交接驳规划实践提供一定的参考。

【关键词】外围区域；轨道交通；公交社区；三网融合；线网重构

作者简介

叶海飞，男，硕士，深圳市综合交通与市政工程设计研究总院有限公司，高级工程师。电子邮箱：191394006@qq.com

张彬，男，硕士，深圳市综合交通与市政工程设计研究总院有限公司，教授级高级工程师。电子邮箱：21264687@

qq.com

徐茜，女，硕士，深圳市综合交通与市政工程设计研究总院有限公司，工程师。电子邮箱：464344353@qq.com

滨水区 TOD 引领的地下空间
与交通协同设计方法

——基于杭州大城北运河地区更新案例

张毅媚　黄轶伦　张　旻

【摘要】TOD 模式催生了城市空间的立体化和地下化发展。本文在借鉴上海滨水区域 TOD 导向的地下空间设计理念的基础上，以杭州大城北滨水区为例，探索了轨道交通站点区域地下空间与地上、地下交通联动的设计方法，并提出了构建滨水区高品质地下空间、多元化交通环境的设计范式：一是通过轨道交通枢纽锚固地上、地下空间，通过地下步廊、下沉式广场、垂江通道与共享单车、公交、水运、轨道交通无缝衔接，并实现滨水空间至腹地空间的融会贯通；二是地上、地下道路设施协同，利用地下空间缓解区域性交通拥堵，通过设置局部地下车行环路减少地面出入口并释放地面空间；三是在轨交站点核心片区，形成空间功能联动、车库资源共享、交通立体统筹的地下空间方案。最后提炼了地下空间管控要素和指标，探索了对地下空间规划开发进行指导和管控的途径。

【关键词】TOD 导向；城市更新；地下空间；立体交通

作者简介

张毅媚，女，博士，上海市上规院城市规划设计有限公司，高级工程师。电子邮箱：zym_hust@163.com

黄轶伦，男，本科，上海市上规院城市规划设计有限公司，

高级工程师。电子邮箱：zym_hust@163.com

张旻，男，本科，上海市上规院城市规划设计有限公司，高级工程师。电子邮箱：zym_hust@163.com

以巡河路促进水城融合发展的路径思考

【摘要】巡河路是河道日常巡视、工程维护、水环境保障和防洪抢险的专用通道，近几年却承担了部分城市交通功能，导致巡河路拥堵、违法停车等问题日益突出，进一步制约滨水空间发展，成为"城市背面"。巡河路对于有效衔接水岸和城市腹地至关重要，本文通过梳理国内外城市在巡河路及滨水空间建设方面的经验，提出新发展阶段下巡河路健康、融合、友好、魅力的发展定位，梳理出现状巡河路的三类建设形式，总结出八类现状问题。并以北京市凉水河巡河路研究为例，提出针对全线的通用性改善策略、针对不同发展阶段的差异性策略及改造流程建议，并形成基本认识、规划路径、建设时序、保障机制方面的思考。本文通过积极探索治水营城新理念、依水兴城新模式、滨水空间再利用新举措，助力推进城市更新及公共空间环境建设，以巡河路改造为切入点打造彰显以人民为中心、展现都城格局的滨水空间。

【关键词】巡河路；滨水空间；城市更新；治理能力

作者简介

马瑞，女，硕士，北京艾威爱交通咨询有限公司，工程师。
电子邮箱：179799416@qq.com

武汉城市圈交通与产业协同发展研究

牛伟伟　代　琦　袁建峰

【摘要】在国内国际双循环发展、湖北建设全国构建新发展格局先行区的背景下，为把握机遇，强化武汉城市圈内交通设施对产业的支撑、交通与产业融合发展，本文对现状武汉城市圈交通与产业协同状况开展现状评价，分析城市圈、发展廊道、重要交通廊道枢纽周边交通与产业协同特征及现状问题。借鉴国内外交通廊道、交通枢纽案例发展经验，研判武汉城市圈发展趋势及相关上位规划要求，提出武汉城市圈内的产业协同发展目标、协同模式、实施路径，并提出城市圈产业与交通协同规划布局的总体结构，对主要交通枢纽周边及四条发展廊道提出产业及交通规划布局方案、相关政策机制建议。

【关键词】交通枢纽；交通廊道；产业发展；协同布局

作者简介

牛伟伟，女，硕士，武汉市规划研究院（武汉市交通发展战略研究院），高级规划师。电子邮箱：244943335@qq.com

代琦，女，硕士，武汉市规划研究院（武汉市交通发展战略研究院），高级规划师。电子邮箱：244943335@qq.com

袁建峰，男，硕士，武汉市规划研究院（武汉市交通发展战略研究院），正高级规划师。电子邮箱：244943335@qq.com

交通驱动下小区级城市精细用地预测建模研究

任 智 钟 鸣 程 鑫 崔 革

【摘要】城市交通与土地利用整体规划模型对于城市交通规划者十分重要，但是由于精细土地利用数据获取难度较大，在一定程度上阻碍了模型的构建与发展。本文首先提出了基于余弦相似度的交通驱动下小区级城市精细用地预测方法，然后将 K-means 聚类方法和余弦相似度相结合，最后将决策树方法结合到 K-means 聚类方法和余弦相似度之中，不断对模型进行改进。研究结果表明，随着模型的改进，绝对误差越来越小，基于 K-means 聚类、决策树和余弦相似度组合模型最优，其各类精细用地占比的整体绝对误差的平均值达到 7.08%。因此，本文提出的交通驱动下的小区级城市精细用地预测模型可行度较高，为获取精细土地利用数据提供了一种新的方案，为城市交通和土地利用规划者提供决策支持。

【关键词】城市交通；土地利用；余弦相似度；K-means 聚类；决策树

作者简介

任智，男，在读博士研究生，武汉理工大学。电子邮箱：renzhi@whut.edu.cn

钟鸣，男，博士，武汉理工大学，教授。电子邮箱：mzhong@whut.edu.cn

程鑫，男，在读硕士研究生，武汉理工大学。电子邮箱：333165@whut.edu.cn

崔革，男，博士，武汉理工大学，助理研究员。电子邮箱：
cuigewhu@whut.edu.cn

基金项目

国家自然科学基金项目"城市多尺度综合交通—混合土
地利用互动耦合作用机理与整体规划建模方法适恰性研究"
（52172309）

新国土空间规划下区域交通一体化思路研究

——以厦漳泉都市区为例

蔡　菲　许旺土

【摘要】随着中国城镇化步伐加快，城市人居环境恶化、突发重大卫生安全等问题逐一暴露。区域交通作为城市韧性建设的重要安全保障，在国土空间规划改革的推进过程中已成为许多城市可持续健康发展的关键。基于此，本文以厦漳泉都市区为背景，提出了区域与城市交通规划协同、衔接有序等发展策略，总结了厦漳泉区域交通由点—轴模式向网络化、圈层化发展的特点与规划方案，为国土空间规划下的区域交通一体化研究提供思路。

【关键词】国土空间规划；厦漳泉都市区；交通一体化

作者简介

蔡菲，女，在读硕士研究生，厦门大学建筑与土木工程学院。电子邮箱：1135566863@qq.com

许旺土，男，博士，厦门大学建筑与土木工程学院，教授。电子邮箱：ato1981@xmu.edu.cn

基金项目

城市群区域综合立体交通网与国土空间规划协同理论与策略研究（21BGL249）

新形势下超大城市公共交通发展的思考

——以上海为例

顾　煜

【摘要】三十多年来，上海城市轨道交通从起步建设发展到规模领跑全球，公共交通服务水平稳步提高。公共交通系统的快速发展为上海这一超大城市的有序运转提供了可靠支撑，也为各类重大活动的成功举办提供了有力保障。近三年来，上海公共交通面临许多新形势和新挑战，需要理性分析公共交通发展面临的新要求，科学精准施策，从完善功能、支撑空间、智慧服务等维度出发，提高超大城市公共交通的竞争力和吸引力，探索提升上海公共交通服务品质的新思路。

【关键词】公共交通；公交优先；超大城市；上海

作者简介

顾煜，男，硕士，上海市城乡建设和交通发展研究院，上海城市综合交通规划研究所副总工程师，高级工程师。电子邮箱：18257695@qq.com

事权冲突视角下的交通与国土空间总体规划协同

刘　露　许旺土

【摘要】国土空间规划是区域空间资源要素配置的主要抓手，规划事权实质上是空间的发展权，当前"规划打架"在很大程度上是各行政主体间的事权冲突导致的。交通作为国土空间的骨架，在空间治理维度如何与总体规划协同亟待研究。本文通过梳理交通部门与规划部门的关系与事权划分，从部门事权冲突视角提出现阶段市级交通与总体规划协同中面临的问题，主要有部门事权划分模糊不清、事权主体存在利益冲突、事权交叉制约工程建设和规划衔接不足致使管控不实四个方面。厦门市作为"多规合一"先行试点城市已有较为成熟的空间规划体系建设经验，本文围绕国土空间规划四大体系探讨交通与国土空间总体规划协同的厦门实践经验，以此实现空间治理的多部门统筹协同，为其他城市的规划体系构建提供参考。

【关键词】事权冲突；交通规划；国土空间总体规划

作者简介

刘露，女，在读硕士研究生，厦门大学建筑与土木工程学院。电子邮箱：2220480275@qq.com

许旺土，男，博士，教授，厦门大学建筑与土木工程学院。电子邮箱：ato1981@xmu.edu.cn

基金项目

国家社科基金项目城市群区域综合立体交通网与国土空间规划协同理论与策略研究（21BGL249）

停车专项规划与详细规划衔接传导机制研究

王　恺

【摘要】城市停车问题是一个复杂的系统问题。近年来，国家政策从停车设施的规划、建设、运营和管理方面提出了系统性的指导要求。提高规划方案的落地性一直是停车专项规划中的重点和难点，本文针对该问题，结合国土空间总体规划和详细规划编制契机，从停车专项规划的控制要求、国土空间详细规划的衔接传导、全过程的组织模式三个方面，研究如何更好地传导停车专项规划要求，加强与详细规划的衔接落地，使规划具有更好的指导性和操作性，具有一定的理论和实践意义。

【关键词】停车专项规划；国土空间详细规划；衔接传导；用地控制

作者简介

王恺，男，硕士，江苏城乡空间规划设计研究院有限责任公司，所长，工程师。电子邮箱：317348234@qq.com

培育型和门户型城市群交通网络
一体化协同布局对策研究

——以滇中城市群为例

伍　鹏

【摘要】滇中城市群是国家重点培育的 19 个城市群之一，位于"一带一路""长江经济带"交汇区域，是全国"两横三纵"城镇化战略格局的重要组成部分和西部大开发的重点地带，是面向南亚、东南亚的门户型城市群。本文分析了滇中城市交通网络特征和问题，并以人口大数据平台为支撑，分析城市群重点联系区域和客流特征；以交通区位线理论分析为基础，明确了城市群交通总体空间结构；最后从城市群对外链接和辐射能力提升、城市群交通网络一体化布局、综合交通枢纽升级、毗邻区交通融合发展、与其他重大基础设施协同布局等方面提出发展对策。

【关键词】培育型城市群；门户型城镇群；交通网络一体化；协同布局

作者简介

伍鹏，男，硕士，云南省设计院集团有限公司，高级工程师。电子邮箱：530428233@qq.com

重塑片区多元价值的交通更新规划研究

——以交通助力体北片区复兴计划为例

高　瑾　郭本峰　吴兴国

【摘要】本文在分析体北片区发展历程的基础上，从片区出行特征、公共空间活力、不同视角出行体验、不同人群出行体验和不同业态空间营造等多个维度分析了交通环境存在的问题，搭建了道路网络通达、特色公共交通、停车设施修补和街道活力复兴的片区交通更新框架。从步行者、非机动车和机动车出行者，本地居民和外来就医者，不同业态空间营造需求等角度出发，提出综合性的更新方案，重塑片区多元价值。最后以环湖中路为街区活力中轴线，结合体北片区特点，提出从舒缓关爱、城市活力、社区客厅、儿童友好、接驳便捷和体育记忆六个方面开展典型街道品质提升，充分发挥交通触媒作用，激发城市活力，推动街区复兴，以期为城市类似成熟发展片区的交通更新提供一些技术思路和参考。

【关键词】多元价值；交通更新；片区规划；出行体验

作者简介

高瑾，女，硕士，天津市城市规划设计研究总院有限公司，高级工程师。电子邮箱：gjmlss_seu@163.com

郭本峰，男，硕士，天津市城市规划设计研究总院有限公司，高级工程师。电子邮箱：gjmlss_seu@163.com

吴兴国，男，硕士，天津市城市规划设计研究总院有限公司，高级工程师。电子邮箱：gjmlss_seu@163.com

区域与城市交通规划比较与融合思考

刘　川

【摘要】社会发展阶段的变化需要相应的交通规划的转型和变革，理解既有交通规划的内涵是融合变革的基础。本文回顾区域交通行业规划与城市交通规划的发展历程，总结出其存在四个方面的差异，即规划目标与对象、编制与实施体系、技术思路与方法、发展驱动力；指出当前的发展背景变化为区域一体化加深、基础设施进入存量为主阶段、城镇化进入下半场、可持续发展挑战加大；提出规划的挑战包括需要更加关注多层级需求与多层级网络的适配与融合，需要更加关注系统效能和群体利益得失，需要关注人群特征变化及其多元交通偏好，需要面对资金、土地、环境紧约束四个方面；最后提出建立统一规划体系、综合目标体系、融合技术方法的展望和建议。

【关键词】交通规划；区域交通；城市交通；历史回顾；融合发展

作者简介

刘川，男，硕士，浙江数智交院科技股份有限公司，高级工程师。电子邮箱：liuchuan86@126.com

城市更新与交通协调发展的策略思考

——以广州市为例

黄健新　谭旭平

【摘要】国家"十四五"规划中首次提出"实施城市更新行动",城市发展进入存量发展的新阶段。交通系统是城市更新的重要基础支撑,统筹、优化城市交通是城市更新的重要任务和内容,两者需要协调发展。本文以广州市城市更新为例,基于对协调内涵的理解,对城市更新与交通协调发展的相关问题进行了思考,分析了城市更新与交通协调发展的必要性及现状问题,提出广州市城市更新与交通协调发展策略,为推进城市更新和高质量发展提供参考。

【关键词】城市交通;城市更新;交通发展策略;协调发展

作者简介

黄健新,男,本科,广州市交通规划研究院有限公司,高级工程师。电子邮箱:24033069@qq.com

谭旭平,男,硕士,广州市交通规划研究院有限公司,高级工程师。电子邮箱:604492032@qq.com

03 交通出行与服务

乘客视角下哈尔滨市地面常规公交服务要素改善程度分析

孙 珊 房德威

【摘要】为构建公交友好型城市，本文从常规公交出行乘客的角度，对哈尔滨市公交服务要素进行归类，量化了城市常规公交服务要素改善程度。采用 2019 年哈尔滨市常规公交乘客满意度调研数据，通过梯度提升决策树（GBDT）的方法，得到服务要素对满意度的相对影响值及相依图。筛选出哈尔滨市地面常规公交需要改善的服务要素，并根据阈值效应，确定了公交服务要素的改善程度。研究发现，对乘客总体满意度影响较大的服务要素包括：站台座椅、遮阳棚、候车舒适性、站台垃圾桶、路灯、摄像头、广告设施、驾驶行为、投诉处理、司机态度、候车满意度和站点播报。其中，前 7 项服务要素对候车满意度的影响超过74.37%。这 12 项服务要素对公交服务总体满意度的影响超过62.21%。相依图显示：候车满意度、投诉处理、司机态度、广告设施、垃圾桶、路灯和摄像头 7 项将满意度提升至 6 分即为最佳改善对策；驾驶行为、站点播报、座椅、遮阳棚和等候时的舒适性 5 项则需要将其满意度提高至 7 分。研究成果为城市规划及公共交通管理提供了理论依据。

【关键词】公共交通；满意度；梯度提升决策树（GBDT）；阈值效应

作者简介

孙珊，女，在读硕士研究生，华中科技大学建筑与城市规划、湖北省城镇化工程技术研究中心。电子邮箱：m202273998@

hust.edu.cn

　　房德威，男，博士，东北林业大学园林学院，副教授。电子邮箱：fdw@nefu.edu.cn

信息公开及乘客多样性对出租车系统的影响分析

高文灿

【摘要】本文基于模拟仿真方法再现出租车系统运营过程。根据乘客出行信息公开程度，将出租车划分为信息未公开模式、信息全公开模式、信息半公开模式；根据乘客出行特点，将乘客划分为普通乘客、拥堵地区乘客、短距离乘客、边缘地区乘客；选取乘客候车时间、司机搜索乘客时间、司机收益、出租车空驶率、出租车各状态占比、特定乘客消失人数、特定乘客消失人数与总消失人数之比作为评价指标。研究结果表明，乘客类型不同对出租车交通系统影响不同；信息公开有助于提高交通系统效率，且半公开模式在保证司机收益前提下，可以提高乘客实载率，不会对特殊乘客筛选淘汰，提高了系统内乘客出行公平性。因此，推荐出租车运营采用信息半公开模式。

【关键词】城市交通；出租车交通系统；交通仿真；乘客类型；出行信息公开

作者简介

高文灿，女，硕士，武汉市规划研究院（武汉市交通发展战略研究院），助理工程师。电子邮箱：863588942@qq.com

天津环津核产业城出行特征分析及发展策略

常 健

【摘要】天津市国土空间总体规划中提出分区域整合资源要素，建设四座环津核产业城。本文通过手机信令数据对天津环津城核心区四大产业城的人口岗位、职住分布及出行特征进行分析，揭示了各产业城职住及交通出行规律，明晰了环津核城市空间联系。结合各产业城现状发展、规划定位及出行特征，分区域提出针对性、差异化交通发展策略，旨在改善环津交通出行状况，促进"津城"交通一体化发展，亦为各产业城高质量发展提供规划指引和理论借鉴。

【关键词】产业城；人口岗位；职住；出行特征

作者简介

常健，男，硕士，天津市城市规划设计研究总院有限公司，工程师。电子邮箱：644825329@qq.com

基于人口岗位分析的轨道延长线公交接驳优化

杨　创

【摘要】轨道线路在开通试运营前，应编制城市公交配套衔接方案，优化接驳公交线路。本文在分析轨道延长线公交接驳的特点后，以长沙市地铁 3 号线南延线公交接驳为例，划定其延长段公交接驳重点区域，基于人口岗位大数据分析，判定了新增接驳覆盖的方向，并结合长沙特色的城乡公交线路，对长沙市地铁 3 号线南延线公交接驳线路进行优化，最后总结了轨道延长线公交接驳优化方案的整体思路和相关方法。

【关键词】人口岗位；轨道延长线；公交接驳

作者简介

杨创，男，硕士，长沙市规划勘测设计研究院，工程师。电子邮箱：893896785@qq.com

轨道交通走廊内竞争性地面公交线路优化对策

宫晓刚　刘春荣　王超超

【摘要】轨道交通的快速发展提升了公共交通系统的整体竞争力，但"十三五"期间全国公共交通客流增速缓慢，地面公交客流已经出现负增长现象。为了减少地面公交与轨道交通的竞争，本文对轨道交通客流走廊内竞争性地面公交运行特征进行分析，并引入客流损失率和客运强度两个指标，提出不同情境下的竞争性地面公交优化对策，经实证具有较好的适用性。

【关键词】竞争性地面公交；客流损失率；客运强度；优化对策

作者简介

宫晓刚，男，硕士，青岛市城市规划设计研究院，高级工程师。电子邮箱：15192650325@163.com

刘春荣，女，硕士，青岛城市建筑设计院有限公司，高级工程师。电子邮箱：13864882308@163.com

王超超，女，本科，青岛市城市规划设计研究院，工程师。电子邮箱：912988159@qq.com

基于居民属性的地铁站客流聚集特征研究

李晓璇　雷心悦　戴　霁　余东豪　梁　茜

【摘要】结合地铁站周边"人"的属性与地铁出行需求，研究居民特征与客流特征的关系，有助于为城市轨道交通的 TOD 综合利用、客流预测、设施供给等课题提供参考。本文以杭州市轨道交通成网初期的地铁站为研究对象，基于居民出行调查数据，使用平均步行到站时耗和实际路网确定地铁站的辐射范围，采用居民的家庭属性和个人属性对站点进行聚类分析，弥补了既有研究很少直接着眼于居民社会经济属性的空白，提供了以人为本的新视角；基于刷卡数据，分别描述各类站点的客流量与时变特征，探索居民属性与客流分布的关系。研究通过家庭属性聚类得到 2 类站点，通过个人属性聚类得到 4 类站点，发现"大家庭站点"和"工薪家庭站点"的客流量显示出一定的空间聚集特征与时间聚集特征。进而建议轨道交通供给适当向低收入水平区域倾斜，保障城市核心区与外围区的快速连通，促进新发展片区的职住平衡。

【关键词】地铁站；辐射范围；居民属性；聚类分析；客流聚集特征

作者简介

李晓璇，男，硕士，杭州市规划设计研究院，助理工程师。电子邮箱：18221052057@163.com

雷心悦，女，硕士，杭州市规划设计研究院，助理工程师。电子邮箱：276021713@qq.com

戴霁，男，本科，杭州市规划和自然资源局，助理工程师。

电子邮箱：273142397@qq.com

余东豪，男，硕士，杭州市规划设计研究院，工程师。电子邮箱：172603981@qq.com

梁茜，女，硕士，杭州市规划设计研究院，助理工程师。电子邮箱：1964246635@qq.com

基于站城一体化发展的高铁枢纽车行交通组织研究

【摘要】本文以特大型高铁枢纽的车行交通组织为研究对象，剖析枢纽的客流特征，充分考虑高铁站枢纽与城市交通之间关系，提出为保障特大型高铁枢纽车行交通组织平稳运行所应遵循的基本原则和发展策略。并以武汉市汉阳站为例，从韧性交通角度出发，根据汉阳站引发的客流特征，提出进站、出站、停车设施等方面的交通组织策略及方案布局，从枢纽与城市客流分离、多层次分层进站、出租车优先回场等角度提出汉阳站进出站交通组织的设计策略，为国内相关铁路枢纽车行交通组织设计提供参考和借鉴。

【关键词】站城一体化；高铁枢纽；交通组织；韧性交通

作者简介

王新慧，女，硕士，武汉市规划研究院（武汉市交通发展战略研究院），工程师。电子邮箱：1127486686@qq.com

高文灿，女，硕士，武汉市规划研究院（武汉市交通发展战略研究院），工程师。电子邮箱：863588942@qq.com

山地城市轨道站步行环境提升的规划路径研究

——以重庆市轨道交通为例

何琪潇

【摘要】本文以典型山地城市重庆为例，通过分析山地城市轨道站点建设呈现的显著空间特征，聚焦轨道站步行环境营造的现状困境，总结出三类承载步行环境空间载体的主要矛盾，包括轨道站点出入口的步行接驳设计效率低、步行公共通道的设施构建不完善、对目的地出入口的轨道一体化开发不重视；结合当前我国步行环境规划的特点，提出面向轨道站点入口核心问题的多元主体的渐进式规划路径、面向步行公共通道核心问题的多重层级的专项性规划路径、面向目的地入口核心问题的多方主导的微更新规划路径；同时，以重庆市《中心城区轨道站点步行便捷性提升规划》为实践案例，分类总结不同情境下的建设模式，从提升高品质步行环境的角度为推动城市更新行动提供思路。

【关键词】山地城市；步行环境；城市轨道站点；城市更新；重庆

作者简介

何琪潇，男，博士，重庆交通大学，讲师。电子邮箱：hqx623@ cqjtu.edu.cn

基金项目

2022 年重庆交通大学"课堂教学创新"教育教学改革研究

项目（ZX2203079）

2022 年重庆交通大学"实验实践课程提升计划"专项教改项目（SJZX2203098）

面向小汽车用户的出行激励策略思考

张雪丹　沙建锋　杜建坤　张意鸣

【摘要】我国经过几十年的快速城镇化发展进程，面对新时期城市机动化持续快速发展、绿色可持续化发展需求不断增强的发展诉求，交通需求管理策略不断受到重视，得到越来越广泛的应用，而基于行为经济学理论的出行激励策略被国内外众多研究和实践证实在影响人们改变出行行为习惯上具有良好效果。本文对目前国内外出行激励实践进行深入分析研究，结合用户出行特征，从出行链中的关键节点入手，丰富激励权益，提出面向小汽车用户的精准激励策略方法，使激励策略方法与用户实现最佳匹配，有效引导人们减少对小汽车的使用，构建更加可持续的交通发展环境。

【关键词】出行激励；需求管理；行为经济学

作者简介

张雪丹，女，硕士，武汉市规划研究院（武汉市交通发展战略研究院），高级工程师。电子邮箱：297324295@qq.com

沙建锋，男，硕士，武汉市规划研究院（武汉市交通发展战略研究院），高级工程师。电子邮箱：550194005@qq.com

杜建坤，女，硕士，武汉市规划研究院（武汉市交通发展战略研究院），工程师。电子邮箱：772588733@qq.com

张意鸣，女，硕士，武汉市规划研究院（武汉市交通发展战略研究院），助理工程师。电子邮箱：564049258@qq.com

轨道车站进站客流时变特征及其
形成原因分析

耿现彩　高洪振　赵　亮

【摘要】轨道交通作为城市公共交通的重要组成部分，其快速发展有利于城市出行结构不断优化，对打造宜居、韧性、智慧城市起到了至关重要的作用。而轨道车站作为轨道交通的重要节点，其客流特征是轨道交通规划、设计、建设和运营各个环节的基本依据。本文通过定性与定量相结合的方式分析车站进站客流时变特征，以青岛市开通轨道线网为研究对象，从站点周边土地利用情况、人口岗位情况、POI 分布情况及其功能属性等方面入手，分析轨道进站客流时变特征形成的原因。可为轨道交通客流预测、运营管理等方面提供量化参考依据，为增强轨道交通在遇到自然灾害、公共卫生事件、大型文体活动等外界干扰下的可靠性提供保障。

【关键词】轨道车站；进站客流；时变特征；土地利用；人口岗位；POI

作者简介

耿现彩，女，硕士，青岛市城市规划设计研究院，高级工程师。电子邮箱：gengxc20088@163.com

高洪振，男，硕士，青岛市城市规划设计研究院，高级工程师。电子邮箱：155062348@qq.com

赵亮，男，硕士，青岛市城市规划设计研究院，工程师。电子邮箱：646394853@qq.com

国家级新区停车供给策略研究

——以哈尔滨新区为例

潘　跃　姚　旭　巴俊颖

【摘要】为满足国家级新区快速发展的需求，本文以哈尔滨新区为例，对停车供给策略进行研究。结合调查数据，发现新区在城市更新过程中引发停车矛盾的主要原因是老旧小区停车位缺口大、公共交通服务能力不足和路外公共停车泊位欠缺等。根据城市不同功能区的分布，将新区划分为 11 个交通小区，综合采用经验借鉴法和用地类别法对停车需求进行预测，在此基础上分别给出适宜核心区和外围区发展的停车设施供给结构。结合预测结果和相关规划，分别从老旧小区改造、公交优先发展、公共停车场建设等层面提出优化思路及建议。

【关键词】国家级新区；停车设施；老旧小区；公交优先；公共停车

作者简介

潘跃，男，硕士，哈尔滨市城乡规划设计研究院，工程师。电子邮箱：892488326@qq.com

姚旭，男，博士，哈尔滨市城乡规划设计研究院，研究员级高级工程师。电子邮箱：919837553@qq.com

巴俊颖，女，硕士，哈尔滨市市政工程设计院有限公司，工程师。电子邮箱：393519555@qq.com

外迁医院交通出行特征及提升建议分析

——以天津市口腔医院为例

曹钰 东方 马山

【摘要】医院作为城市的重要公共服务设施，存在就医车辆排队拥堵、停车供需不平衡等普遍的交通问题。随着城市逐步向外融合发展，人口分布向外围城区扩散，医院也逐渐外迁新建或增建院址。合理评估、分析外迁医院周边的交通条件与就医出行特征，对新发展阶段背景下满足居民高质量就医的需求至关重要。本文利用 2010 年与 2020 年天津市口腔类医院的 POI 数据分析得出其空间分布特征呈现出从"市内多点集聚，环城少点散弱"逐步呈现出"市内多向连面，环城持续扩散"的发展趋势。在此背景下，以天津市口腔医院外迁增建新址为案例，基于对医院职工与就诊人员的出行需求调研，从辐射范围、出行高峰、出行方式等方面探究规划新址建成后出行特征的变化情况，提出交通出行的提升建议，为外迁医院的交通规划和出行服务提供借鉴思路。

【关键词】出行特征；外迁；医院；交通规划；天津

作者简介

曹钰，女，硕士，天津市城市规划设计研究总院有限公司，工程师。电子邮箱：cy20170@163.com

东方，女，硕士，天津市城市规划设计研究总院有限公司，高级工程师。电子邮箱：sarah9586@163.com

马山，男，硕士，天津市城市规划设计研究总院有限公司，高级工程师。电子邮箱：570021212@qq.com

公园城市交通服务新模式研究

——以成都高新南区家校公交为例

朱　洁　罗　斌　李云霞　许伊虹

【摘要】提升城市通勤效率，既是坚持以人民为中心的发展思想，践行新发展理念、突出公园城市特点的重要举措，也是缔造美好生活所必需。高品质的公园城市建设要求提高城市通勤效率，同时保障居民的安全、舒适出行，而既有传统常规公交服务模式对现状通学交通拥堵缓解作用不显著，与人民群众的诉求存在差距，亟须探索公园城市交通服务更精准化、差异化的新模式，家校公交应运而生。本文以成都市高新南区家校公交为例，依托智慧交通等新技术手段，积极探讨公园城市交通服务新模式，助力成都幸福美好生活十大工程和传统公交转型，打造公交创新服务品牌，保障居民通勤、通学需求，提高公园城市现代化治理水平。

【关键词】通勤效率；家校公交；民生；交通服务新模式；公园城市

作者简介

朱洁，女，硕士，成都市交通规划设计研究院有限公司。电子邮箱：562130917@qq.com

罗斌，男，硕士，成都市交通规划设计研究院有限公司，教授级高级工程师。电子邮箱：562130917@qq.com

李云霞，女，硕士，成都市交通规划设计研究院有限公司，高级工程师。电子邮箱：562130917@qq.com

许伊虹，女，本科，成都市交通规划设计研究院有限公司，助理工程师。电子邮箱：2459962117@qq.com

中国城市快速公交系统近十年研究趋势综述

张斯阳

【摘要】快速公交系统具有高品质、高效率、低能耗、低污染、低成本的特征，成为中国推行公交优先政策时期大力发展的公共交通形式。伴随快速公交相关技术发展成熟，中国城市发展快速公交的高潮逐渐消退。本文系统梳理了在中国学术平台上检索到的 2012～2021 年发表的快速公交相关文献，可以发现研究领域对快速公交的研究热情同样有所减退。将文献按主题划分为 5 大类、34 小类，分析规划设计、运营管理、分析评估、类型比选、城市案例 5 类文献的研究趋势和主题分布，呈现出中国城市发展快速公交过程中热点问题的流变。

【关键词】快速公交；研究热度；研究主题；热门城市

作者简介

张斯阳，女，硕士，中国城市规划设计研究院，工程师。电子邮箱：zhangsiyangyy@126.com

轨道交通网络局部调整的客流分析思路研究

王忠强　　沈云樟

【摘要】在轨道交通网络建设规划、轨道交通线路专项规划的编制过程中，常会对轨道交通线路进行局部调整。为了对调整方案深入分析，需要进行有针对性的客流预测工作，客流分析思路不一而论。本文首次将调整方案总结为 5 种情况，包括线路延伸、支撑枢纽点的建设、线路进城终点选择、线路切分和直通、线路间互联互通。通过案例分析，研究各种情况下客流分析应采取的思路、主要指标和预测技术路线。提出在线路延伸情况下，延伸段客流明显与原线客流差异较大时，应当进行延伸段单独成线和线路延伸方案的比较。线路延伸支撑枢纽站时，需要考察枢纽能级，当枢纽站客运需求不高时，应优先考虑常规公交系统。对于线路延伸进城的情况，需要综合考虑接入点换乘客流、接入线区间的运输需求，并与线路间互联互通进行比较。

【关键词】轨道交通网络；局部调整；客流分析

作者简介

王忠强，男，博士，上海市城乡建设和交通发展研究院，高级工程师。电子邮箱：wzqqzw2013@163.com

沈云樟，男，本科，上海市城乡建设和交通发展研究院，高级工程师。电子邮箱：cloudy_shen@163.com

城市轨道交通客流提升措施研究

——以昆明地铁为例

武汉慧　唐　超　施　泉　王国晓　李银蕊

【摘要】受新线开通及外部诸多因素影响，昆明地铁客运量增长较为缓慢，离预期效果相差较大。如何深入挖掘制约客流的影响因素，针对不同的具体问题提出相对应的客流拓展措施，是提高轨道交通竞争力，提升轨道交通在居民出行中比例的重要途径。本文深入分析轨道线路周边的土地利用、综合交通一体化及轨道自身的运营组织服务等，并结合地铁乘客需求调研数据，从土地综合开发、换乘接驳优化、运营服务提升等方面提出相应的改善措施。

【关键词】轨道交通；客流制约因素；换乘衔接；客流提升

作者简介

武汉慧，女，硕士，江苏都市交通规划设计研究院有限公司，工程师。电子邮箱：1363545456@qq.com

唐超，男，硕士，江苏都市交通规划设计研究院有限公司，交通规划所所长，工程师。电子邮箱：774586399@qq.com

施泉，男，硕士，江苏都市交通规划设计研究院有限公司，总经理，正高级工程师。电子邮箱：20664392@qq.com

王国晓，男，硕士，江苏都市交通规划设计研究院有限公司，总工程师，正高级工程师。电子邮箱：280244546@qq.com

李银蕊，女，本科，昆明地铁运营有限公司，高级工程师。电子邮箱：277831043@qq.com

广州市停车政策分析及优化建议

张海霞

【摘要】本文分析了广州市停车场建设和运营情况、管理体制和停车政策，深入剖析制约停车资源利用的原因，包括分散的停车管理主体、复杂的停车设施经济属性等。结合国家要求和广州发展特点，提出了广州市停车从传统供给模式向综合治理模式转变的趋势要求，从搭建政策架构体系、强化开放和共享、建立地铁接驳停车系统、推动基层停车治理、强化临时停车管理五个方面提出停车政策优化建议。

【关键词】停车；政策；交通；共享

作者简介

张海霞，女，硕士，广州市交通规划研究院有限公司，副所长，高级工程师。电子邮箱：57286218@qq.com

高质量发展背景下广州慢行交通品质提升研究

李健行　熊文婷　赖武宁

【摘要】广州城市脉络为慢行交通发展奠定了良好的基础。从 20 世纪 80 年代至今，广州慢行交通随着城市发展经历了鼎盛—回落—复苏的历程。近年来，电动自行车快速兴起，与步行、自行车共同构成慢行交通新主体，但道路空间有限、设施配套不完善、政策法规不清晰等问题难以适应电动自行车的出行特点与需求，引发了一系列问题。慢行交通是实现交通强国战略和"双碳"目标的重要组成部分，是广州老城市焕发新活力、高质量发展的重要抓手。本文借鉴北京、上海、深圳、杭州等地先进经验，广州慢行系统规划建设已从"体系构建"进入"彰显特色、统筹融合、提升品质"的高质量发展阶段，应深入践行"以人民为中心"发展思想和绿色出行、健康安全等发展理念，通过打造慢行示范区带动全市慢行系统高质量发展，助力实现碳达峰、碳中和目标。

【关键词】慢行交通；差异化；特色；融合；示范

作者简介

李健行，男，本科，广州市交通规划研究院有限公司，副所长，高级工程师。电子邮箱：15473424@qq.com

熊文婷，女，硕士，广州市交通规划研究院有限公司，高级工程师。电子邮箱：805068486@qq.com

赖武宁，男，硕士，广州市交通规划研究院有限公司，工程师。电子邮箱：laiwuning@126.com

广州地铁一号线客流成长回顾与展望

曾德津　刘明敏　刘新杰　何鸿杰

【摘要】从 1998 年广州地铁一号线首通段通车到现在，广州地铁建设运营已走过 25 年的峥嵘岁月。在这 25 年的发展历程中，地铁一号线无疑是标志性的存在。作为一条全线均位于广州城市核心区的纯地铁线路，地铁一号线从首通段通车到现在，一路走来见证了广州城市变迁，经历了地铁网络结构发展演变，因此有必要对地铁一号线的客流成长进行回顾与总结，同时对 25 年发展历程中地铁一号线经历的关键节点以及这些关键节点对地铁一号线的客流影响进行剖析。在此基础上，基于 25 年的发展经验，用当下的视角总结了对其他城市第一条城市轨道交通选线以及轨道客流预测相关工作的启示。最后，从城市发展角度出发，对地铁一号线未来进一步提升客流效益的可能性进行展望。

【关键词】广州地铁一号线；客流成长；客流影响因素；选线启示；客流展望

作者简介

曾德津，男，本科，广州市交通规划研究院有限公司，助理工程师。电子邮箱：1785416287@qq.com

刘明敏，男，本科，广州市交通规划研究院有限公司，高级工程师。电子邮箱：robbenmanu@163.com

刘新杰，女，硕士，广州市交通规划研究院有限公司，高级工程师。电子邮箱：155095561@qq.com

何鸿杰，男，硕士，广州市交通规划研究院有限公司。电子邮箱：38528244@qq.com

基于 Legion 的地铁站交通组织优化

刘民壮

【摘要】面向轨道交通规划建设与管理，基于空间资源节约集约，在线网规划规模越来越大、客流规模越来越大、换乘关系越来越复杂、体验要求越来越高的背景下，开展地铁站交通组织优化，并通过交通仿真与评估是必要且迫切的。基于此，本文提出了一套地铁站交通组织优化方法以及评价指标体系，具体包括整体、换乘、站台站厅、进出站四个方面，并从空间及时间角度将相关规范以及通用标准作为评价标准，并根据站点的客流需求预测结果，利用 Legion 进行仿真，从运营组织及工程设施的角度对方案进行综合优化。以广州市海傍站为例开展的地铁站交通组织优化结果表明，评价指标体系能够较全面地反映站点运作情况、判断站点的运作风险，交通组织优化能够提高站点运作水平及抗风险能力，为后续地铁站方案设计优化提供参考。

【关键词】Legion；综合优化；指标体系；风险防范

作者简介

刘民壮，男，硕士，广州市交通规划研究院有限公司。电子邮箱：1339695431@qq.com

广州城际轨道客流影响因素分析及规划应用

马小毅　刘新杰

【摘要】为避免轨道制式与区域发展错配的现象，本文在界定区域范围和轨道制式的基础上，阐述了广州在湾区内城际客流的出行特征，从路由、速度比较优势、服务水平、联网运营四个主要客流影响出发，剖析了高速铁路、城际铁路、城市轨道在城际出行中的作用，总结出以下三种制式的定位。高速铁路是城际出行的骨干，适用于商务需求模式，优势出行距离大于 90km；城际铁路是城际出行的主体，适用于商务需求及通勤需求模式，优势出行距离为 40～90km；城市轨道应布设在城市连绵体中，是都市圈支撑线路，适用于通勤需求模式，优势出行距离小于40km，并在未来的规划中加以应用。

【关键词】城际出行；高速铁路；城际铁路；城市轨道；城市连绵体

作者简介

马小毅，男，硕士，广州市交通规划研究院有限公司，副总经理，教授级高级工程师。电子邮箱：406017386@qq.com

刘新杰，女，硕士，广州市交通规划研究院有限公司，高级工程师。电子邮箱：155095561@qq.com

人群密集疏散对策研究

王梦瑶

【摘要】目前，人群密集的情景越来越多，触目惊心的"韩国踩踏事件"等悲剧事件引发对人群密集疏散的思考。本文通过对人群密集发生的场所/情景、交通需求特性、存在的交通隐患进行分析，从人群密度控制、流线组织、交通管控、交通引导、交通保障应急预案五个方面提出了应对人群密集疏散的对策，希望能从交通角度为避免此类事故的发生提供一些思路，引起对人群密集潜在风险的重视，树立危机意识，从源头处避免事故的发生。

【关键词】人群密集；疏散；应急管理；交通

作者简介

王梦瑶，女，硕士，北京清华同衡规划设计研究院有限公司，助理工程师。电子邮箱：1789083359@qq.com

都市圈背景下空间多维度交通出行特征研究

——以深圳都市圈为例

邓　娜　黄嘉俊　王佳琪

【摘要】本文重点从出行圈层、廊道、临界三个空间维度研究深圳都市圈全日城际交通出行特征。基于东京都市圈和上海都市圈的圈层结构与出行特征分析，通过数据研究指出深圳都市圈内深圳与东莞、惠州的全日城际交通出行双向吸引突出，且出行圈层化呈现梭形结构特征，其中第二出行圈层的跨市出行高度集聚；全日城际出行廊道西强东弱，中部出行廊道客流有待随着交通设施的完善进一步培育；深圳与东莞、惠州临界双侧 10km 范围内的跨市出行量大、集中，占深圳与东莞、惠州全日城际出行量的四成，强化临界交流或为推动深莞惠都市圈一体化的抓手之一。

【关键词】都市圈；出行特征；圈层；廊道；临界

作者简介

邓娜，女，硕士，深圳市规划国土发展研究中心，规划师，工程师。电子邮箱：1026579968@qq.com

黄嘉俊，男，硕士，深圳市规划国土发展研究中心，规划师，工程师。电子邮箱：526305376@qq.com

王佳琪，男，本科，深圳市规划国土发展研究中心，助理工程师。电子邮箱：2924674310@qq.com

与城市发展有机融合的地面公交系统规划策略研究

——以北京市为例

涂 强 张 鑫 高永鑫 寇春歌

【摘要】地面公交是公共交通系统的重要组成部分，近年来很多城市陷入了公交客运量持续下降、补贴压力增大的困境。本文以北京市为例，梳理了地面公交系统的发展历程，强调地面公交客运量是城市人口规模、社会经济发展水平与活跃度、公交竞争力等因素共同作用下的结果。本文基于多源数据对北京市地面公交系统的现状问题进行诊断评估，制定了公交发展愿景与规划策略，提出在城市逐步转向存量发展的新阶段，应摒弃"唯客流论"的片面评价标准，应重新审视地面公交系统服务在生态、经济和社会维度的多元价值，以"精准规划、精明补贴、精细设计、精巧管理"为原则，关注地面公交全要素、公交—轨道两张网、综合交通多方式和城市发展巨系统，通过时空融合、功能融合、生活融合、政策融合，打造与城市发展有机融合的地面公交系统。

【关键词】公共交通；多源数据；规划策略；有机融合

作者简介

涂强，男，硕士，北京市城市规划设计研究院，工程师。电子邮箱：tuqiang729@163.com

张鑫，男，硕士，北京市城市规划设计研究院，副所长，教授级高级工程师。电子邮箱：31917563@qq.com

高永鑫，女，博士，北京市城市规划设计研究院，工程师。
电子邮箱：gaoyx@bmicpd.com.cn

寇春歌，女，硕士，北京市城市规划设计研究院，工程师。
电子邮箱：koucg@bmicpd.com.cn

基金项目

世界银行中国可持续城市综合方式试点项目"城市层面以公共交通为导向的城市发展（TOD）战略的制定与实施以及项目管理支持（北京）"（TF-A4213）

基于真实轨迹的休闲运动骑行特征及影响因素研究

管安茹　余韦东

【摘要】良好的骑行环境对于促进城市骑行行为具有重要意义。本文基于真实轨迹的户外运动大数据，研究深圳市休闲运动骑行行为的时空特征，并根据城市建设特点和数据的可获取性选择合适的建成环境因子，分析各因子对骑行路径选择的不同作用。结果表明，深圳市休闲运动骑行轨迹以中长距离为主，受到城市活动周期影响具有明显的时间分异性，依附于城市功能分布形成三纵两横的空间格局，在滨海空间、风景名胜区和自然公园等区域具有明显的空间聚集性。通过对高频骑行道路周边环境的解析，专用的独立道路环境、完善的道路设施、舒适的道路环境对提高休闲运动骑行行为起到正向作用，而各类 POI 设施则由于容易产生各类交通冲突，成为休闲骑行者避开的对象。

【关键词】休闲运动骑行；城市骑行；建成环境评价；开放数据

作者简介

管安茹，女，硕士，深圳大学。电子邮箱：872115589@qq.com
余韦东，女，硕士，深圳大学。电子邮箱：ywddgzyx@163.com

公交客流特征识别的关键技术研究

王 磊 苏 瑛

【摘要】伴随着常住人口增速放缓、轨网里程增加及共享出行模式的创新发展，地面公交总客运量持续分流下降，加强公交客流需求侧的细化分析是存量发展阶段公交行业优化运营、提升服务能级的重要内容。本文以上海公交大数据挖掘为例，为了构建全市域、定周期、全样本的公交客流特征量化基础，开展了以公交 IC 卡数据、公交车 GPS 数据、公交线网数据等为基础，以叠加画像技术、机器学习、K-means 算法等为支撑的关键技术研究。

【关键词】公交客流量化；公交出行方式链；公交车辆匹配；K-means

作者简介

王磊，男，硕士，上海市城乡建设和交通发展研究院，高级工程师。电子邮箱：79761249@qq.com

苏瑛，女，本科，上海市城乡建设和交通发展研究院，副所长，高级工程师。电子邮箱：79761249@qq.com

儿童友好型城市理念下"步行巴士"设计探索

——以重庆市永川区兴龙湖小学为例

王福景　邱永涵　李旭升

【摘要】儿童是人类美好未来的希望。为了积极贯彻国家有关儿童友好城市建设的发展理念，本文以重庆市永川区兴龙湖小学为例，通过现场踏勘、问卷调查等方式分析兴龙湖小学儿童通学特征，注重儿童步行通学街道空间安全性、舒适性和趣味性设计，从"步行巴士"线路及站点布局、道路断面设计以及其他城市小品等方面对"步行巴士"进行了设计探索，迈出了永川区儿童友好城市建设探索的步伐。

【关键词】儿童友好型城市；步行巴士；兴龙湖小学

作者简介

王福景，男，硕士，中交城市规划研究院有限公司，工程师。电子邮箱：946517607@qq.com

邱永涵，男，硕士，中交城市规划研究院有限公司，注册城乡规划师，综合业务规划咨询部主任，高级工程师。电子邮箱：qiuyonghan@hpdi.com.cn

李旭升，男，硕士，中交公路规划设计院有限公司，注册土木工程师（岩土），四川分公司副总工程师，高级工程师。电子邮箱：276756691@qq.com

纽约市 Inwood 社区行动计划交通提升策略对我国的启示

尹丽娜

【摘要】社区规划在美国已有一百多年历史，是城市规划领域的重要组成部分。纽约市作为美国第一大城市，经过长期的发展，已形成了成熟的社区规划体系，政府也致力于通过社区规划打造可负担、宜居、健康的城市环境，提升城市竞争力。Inwood 社区位于纽约曼哈顿岛最北部，由于地区长时间缺少公共投资、城市建设滞后，成为曼哈顿发展较为落后的地区之一。近年来，Inwood 地区城市面貌和设施问题突显，区域宜居性亟待提升，城市更新行动迫在眉睫。为此，纽约市经济发展部门牵头组织编制了 Inwood 社区行动计划，提出了街道界面优化、断头道路贯通、滨水空间可达性提升、精细化街道设计等一系列交通提升策略，有效支撑地区发展，对我国大城市，尤其是中心城区内的社区转型和更新提供了有效的借鉴思路和实践指导。

【关键词】城市更新；社区规划；交通规划；街道更新

作者简介

尹丽娜，女，硕士，上海市城乡建设和交通发展研究院，工程师。电子邮箱：lalayaha@126.com

共享单车接驳轨道交通骑行的识别与探讨

万　涛

【摘要】共享单车出现后在短时间内迅速成为接驳轨道交通的重要工具。共享单车骑行订单数据可用于分析共享单车接驳轨道交通的特征，但目前尚缺乏识别接驳轨道交通骑行记录的准确、高效的方法。本文提出了一种可准确识别订单数据中接驳轨道交通骑行记录、区分轨道站点周边的接驳与非接驳骑行的方法。提取的结果可应用于接驳客源、接驳通道和接驳设施需求分析，满足轨道站点周边慢行环境改善和接驳设施配置等方面的需要。

【关键词】共享单车；轨道交通；接驳；手机信令

作者简介

万涛，男，硕士，天津市城市规划设计研究总院有限公司，研发总监，高级工程师。电子邮箱：1169468702@qq.com

北京地铁便民服务调研及新零售发展模式研究

张雨欢　吴雁军　邓　进　郝伯炎

【摘要】随着地铁的快速发展，为了提高首都便民服务水平，地下车站商业的发展已经成为北京地铁建设和运营管理的关键。由于一些限制因素，北京地铁车站商业的发展遇到了许多挑战。本文通过对日本和我国香港、深圳和成都的地铁商业的优秀案例进行初步分析，总结出值得借鉴的经验。并通过实地调研及亿通行 App 线上问卷的方式，对北京地铁车站商业现状进行了深入的评估与探讨，归纳总结出目前影响北京地铁车站商业持续发展的问题所在。研究对于未来北京地铁商业发展策略、运营模式和实现北京地铁跨越性发展具有重要的理论和实践意义；有利于北京地铁持续提升在管理、运营、服务和商业化等方面的创新能力，并提升增值服务收入。也有利于进一步落实北京市政府对北京地铁提升便民服务的各项工作要求和更加便利乘客出行。

【关键词】地铁商业；新零售；便民服务；北京地铁

作者简介

张雨欢，女，硕士，北京城建交通设计研究院有限公司，助理工程师。电子邮箱：zhang_yu_huan@sina.com

吴雁军，男，硕士，北京地铁创新研究院有限公司，高级工程师。电子邮箱：3514190758@qq.com

邓进，男，硕士，北京城建交通设计研究院有限公司，高级

工程师。电子邮箱：dengjin@bjucd.com

　　郝伯炎，男，硕士，北京城建交通设计研究院有限公司，中级工程师。电子邮箱：haoboyan@bjucd.com

04 交通设施与布局

东京都市圈市郊铁路建设历程及其启示

胡春斌　楼　栋

【摘要】第二次世界大战后，日本进入了经济快速发展及快速城市化时期。为应对东京都市圈人口剧增、道路交通堵塞、通勤列车拥挤等问题，日本国铁、地方政府及私铁开始了大规模轨道交通建设。日本国铁对东京都市圈 50km 范围内的东海道、中央、东北、常磐和总武线五条线路进行双复线化或者三复线化改造，实现快慢分离、客货分离，大幅度提升通道的运输能力；私铁通过新建郊区线路引导人口向郊区疏散，开发郊区新城；东京地铁通过与 JR 线、私铁线路的贯通运营，方便郊区通勤乘客快速、便捷地进入城区。本文对东京都市圈市域铁路实施措施、运营效果的剖析，将对我国都市圈市郊铁路建设有所启示。

【关键词】东京都市圈；五方面作战；轨道交通；快慢分离

作者简介

胡春斌，男，硕士，杭州市综合交通运输研究中心，高级工程师。电子邮箱：chunbinhu@163.com

楼栋，男，本科，杭州市综合交通运输研究中心。电子邮箱：chunbinhu@163.com

杭州城市综合客运枢纽发展布局规划研究

高　奖　周　航　傅佳楠　马巧英　李家斌

【摘要】深度融合综合客运枢纽与城市功能，对新形势下综合客运枢纽运行效率和城市能级的提升具有重要意义。本文以杭州为例，回溯客运枢纽布局与城市空间和交通发展格局关系，分析现状特征与问题，同时借鉴国内外大城市综合客运枢纽发展经验，从枢纽与城市空间耦合、枢纽体系和多方式衔接三个角度提出布局优化思路，并提出杭州城市综合客运枢纽发展布局优化建议及开展方案评价。建议规划布局六大门户型综合客运枢纽和杭州站、临平南等十处区域型综合客运枢纽，以及多处市域型综合客运枢纽。评价结果显示，综合客运枢纽服务覆盖和交通可达性较好，但杭州南站需要加强枢纽—空间—产业的融合发展。本研究成果可为杭州及其他城市的综合客运枢纽布局规划提供参考。

【关键词】综合客运枢纽；布局优化；杭州

作者简介

高奖，男，硕士，杭州市规划设计研究院，高级工程师。电子邮箱：30335618@qq.com

周航，女，硕士，杭州市规划设计研究院，助理工程师。电子邮箱：1252846133@qq.com

傅佳楠，男，硕士，杭州市规划设计研究院，助理工程师。电子邮箱：294272963@qq.com

马巧英，女，硕士，杭州市规划设计研究院，工程师。电子邮箱：759034129@qq.com

李家斌，男，硕士，杭州市规划设计研究院，高级工程师。电子邮箱：516704343@qq.com

轨道换乘站公共交通枢纽用地规模研究

李文华　　纪尚志

【摘要】轨道站点尤其是多条轨道的换乘站点往往是客流集中地，各大城市为了有效落实国家关于优先发展公共交通的要求，重点在多轨道换乘站点规划了公共交通枢纽。但目前公共交通枢纽用地规模的确定主要依据相关标准、导则及各地的经验，而标准、导则中也只是规定了枢纽用地规模的取值范围，并未根据枢纽的实际客流情况给出具体的用地规模指标或计算标准。因此，实际建设枢纽的过程大多因"地"制宜，从而导致实际建成的枢纽面积不能满足实际客流的需求，不是拥挤不堪就是门可罗雀。为在一定程度上精准化轨道换乘站点公共交通枢纽的用地规模，本文将从行业标准及客流预测两个角度，综合探求符合实际客流特点的枢纽用地规模。

【关键词】轨道换乘站；公共交通枢纽；用地规模；客流预测

作者简介

李文华，女，硕士，天津市城市规划设计研究总院有限公司，高级工程师。电子邮箱：379164510@qq.com

纪尚志，男，硕士，天津市城市规划设计研究总院有限公司，高级工程师。电子邮箱：2267525351@qq.com

老旧小区电动汽车充电设施需求预测

吴　爽

【摘要】结合城镇老旧小区改造工作推动电动汽车充电设施建设是缓解现状充电设施不足、助力新能源汽车产业发展的有利契机。为提高老旧小区充电设施的规划建设水平，本文综合应用情景分析、定性与定量相结合等方法，提出充电设施需求预测的技术路线。基于统计数据及相关假设，预测 2030 年全国老旧小区的电动汽车充电设施平均需求约为 20%～25%，并从老旧小区区位、居民构成变化、内部及周边充电设施布局、充电技术发展等方面阐述了影响充电设施需求的其他因素。

【关键词】新基建；既有住区；电动汽车

作者简介
吴爽，男，硕士，中国城市规划设计研究院，工程师。电子邮箱：974946342@qq.com

既有轨道交通站点换乘设施配置规模评估研究

石 冰

【摘要】目前我国大城市积极构建"以轨道交通为骨干、常规公交为主体、步行和自行车等多种方式为补充"的相互协调的多模式、多层次、一体化公交出行体系，轨道交通换乘效率成为检验整体交通发展水平的关键指标。运营5年以上的轨道交通站点客流及换乘设施使用已相对成熟，亟须对轨道交通站点周边换乘设施的落实情况、利用效能、方便程度、供需关系等进行综合评估，为目标年既有站点换乘设施配置工作提供科学指导。本文以南京市江宁区既有站点为例，采用自然增长率法、经验法以及综合法对目标年各站点客流量和换乘分担率进行预测，并对目标年各站点的非机动车、公交车、小汽车和临时停车等换乘设施配置规模进行评估。

【关键词】既有轨道交通站点；换乘设施；配置规模

作者简介

石冰，男，硕士，合肥市市政设计研究总院，高级城乡规划师。电子邮箱：89626168@qq.com

长沙市公路客运枢纽规划转型发展思考

宋洪桥

【摘要】党的二十大报告提出推动经济实现质的有效提升和量的合理增长。随着城市空间的拓展以及多种交通方式的不断发展，城市公路客运枢纽面临着外部其他交通方式挤占客流的竞争压力和内部难以适应城市空间向外围拓展需求等的现实挑战，现状公路客运枢纽运能过剩的现象越来越严重，因此倡导转型发展并提升设施效率是公路客运枢纽规划未来需要重点考虑的方向。本文通过分析长沙市公路客运枢纽发展的现状问题，从规划理念和实施建设两个角度整理和总结了国内城市的先进经验，并从供需的再适应和功能的再优化两个维度提出未来公路客运枢纽规划的主要内容、发展模式、优化策略和相关建议，以期为公路客运枢纽的规划布局与转型发展提供参考。

【关键词】转型发展；公路客运枢纽；优化策略；长沙市

作者简介

宋洪桥，男，硕士，长沙市规划勘测设计研究院，高级工程师。电子邮箱：261760474@qq.com

城市更新背景下传统铁路客站枢纽改造

吴美发

【摘要】随着城市的发展，传统铁路客站所在区域已经由城郊演变为中心城区，虽然土地利用效率低下，但极具开发潜力，因而成为城市更新的一个热点区域，与之相关的理论和方法亟待研究。本文通过剖析城市更新背景下位于中心城区的铁路客站枢纽与常规枢纽改造的差异，讨论了相应的改造原则，结合嘉兴站枢纽的改造实例，探讨了对枢纽交通和城市交通进行分离、改善换乘条件和提高换乘效率以实现交通有序的方法，提出枢纽周边应适度开发、对空间进行缝合、引入城市功能业态和传承历史文化，以实现站城一体和城市有机更新的策略，对传统铁路客站枢纽更新改造有一定的借鉴意义。

【关键词】城市更新；铁路客站；枢纽；改造

作者简介

吴美发，男，硕士，同济大学建筑设计研究院（集团）有限公司，副主任工程师，高级工程师。电子邮箱：20708218@qq.com

基金项目

同济大学建筑设计研究院（集团）有限公司 2022 年自主课题：低碳集约型市政工程建设若干关键技术研究与应用

东莞市地面公交线网"革命"研究

谈进辉　叶钦海

【摘要】 为提高东莞市地面公交的竞争力，本文从线网结构层面进行研究。首先，指出地面公交出行者决策行为变化（出行者从主动熟悉地面公交到被动熟悉地面公交）是影响选择公交的首要因素，地面公交线网需要做到使出行者易记住、易学习。其次，基于出行者视角构建地面公交评价指标体系，并对东莞市现状地面公交线网进行评价。最后，借鉴国外城市地面公交线网"革命"经验，结合东莞市组团式的城市特点，设计了三级"换乘型"地面公交线网（现状为"直达型"公交线网），并从功能定位、服务要求和规划建议三个方面提出各级线网的具体要求。

【关键词】 地面公交；线网革命；优化建议

作者简介

谈进辉，男，硕士，东莞市地理信息与规划编制研究中心，高级工程师。电子邮箱：1461227901@qq.com

叶钦海，男，硕士，东莞巴士有限公司，高级工程师。电子邮箱：472685674@qq.com

青岛市观海山历史街区路网分形特征研究

谌　婭

【摘要】本文基于分形理论，运用半径—长度维数、盒子维数、分枝维数等测度方法对青岛观海山历史街区路网的空间分布形态以及密度分布、覆盖形态、路网伸展形态等进行了定量描述与评价。结果表明，观海山历史街区具有明显的分形特征，长度维数与分枝维数分别为 1.462 与 1.210，即路网密度观海山历史街区路网密度与复杂度从总督府到周边地区逐渐降低。盒子维数为 1.525，路网覆盖效率处于中等水平。观海山历史街区分形特征主要受特殊的滨海山地地形、复杂的路网层级、通达的路网连接性、高度的功能耦合、丰富的路网组织形式等多方面的影响。

【关键词】青岛；观海山历史街区；路网；分形特征

作者简介

谌婭，女，在读硕士研究生，青岛理工大学。电子邮箱：1490992740@qq.com

浙江市域铁路的发展现状与思考

严 熵

【摘要】浙江省不仅是我国经济活力和城镇化水平最高的地区之一，也是全国最早探索市域铁路发展道路的地区之一。本文以浙江省为例，分析市域铁路的建设意义、功能定位和技术特征，提出采用灵活编组、高密度、公交化的运输组织模式建设通勤化、快速度、大运量的市域铁路。在此基础上，探讨市域铁路的适用范围、运营组织形式和布局方式，同时重点总结、归纳目前浙江省市域铁路的顶层设计、实施情况以及在体制机制、财务、建设规模、投资融资等方面存在的问题，并提出解决相关问题的切实建议。最后，为我国市域铁路未来高质量和可持续发展提供可参考的方向。

【关键词】市域铁路；功能定位；都市圈；可持续发展

作者简介

严熵，女，硕士，浙江数智交院科技股份有限公司，工程师。电子邮箱：243079554@qq.com

青岛市轨道交通停车换乘设施规模预测分析

王　强　　徐泽洲　　张铁岩

【摘要】轨道交通停车换乘设施作为方便和引导进出中心城区的个体机动化交通向轨道交通转换的一种重要接驳方式，有助于提高居民通勤出行便捷度，降低出行成本，同时可起到在外围城区截流小汽车交通、减少中心区道路交通压力的作用。轨道交通停车换乘设施的规模预测应首先明确其适宜的最大服务范围，然后基于慢行优先和公交优先，依次扣除步行、非机动车、公交可有效接驳的区域，得到"P+R"停车需求迫切区域；进而再通过多源数据和调查分析，进一步得到片区的停车换乘需求规模；停车换乘具有机动灵活、可选择性强的特点，某一片区的"P+R"停车需求可由片区内多个"P+R"停车场分担，因此单个"P+R"停车场的规模具有浮动性，需要结合片区总需求以及片区内适宜布设"P+R"停车场的车站数量和用地条件统筹考虑确定。

【关键词】交通规划；停车换乘设施；规模预测

作者简介

王强，男，硕士，青岛市城市规划设计研究院，高级工程师。电子邮箱：710899622@qq.com

徐泽洲，男，本科，青岛市城市规划设计研究院，交通分院院长，正高级工程师。电子邮箱：710899622@qq.com

张铁岩，男，硕士，青岛市城市规划设计研究院，高级工程师。电子邮箱：710899622@qq.com

城市道路人行过街设施规划方法研究

张红健　齐　林　洛玉乐

【摘要】随着社会生活水平的大幅提高，人民对慢行交通出行环境的美好需要与既有设施不平衡、不充分发展之间的矛盾日益突出，群众对于人行过街设施的美好发展呼声也愈发强烈。本文通过对城市道路人行过街设施规划方法进行系统性研究，提出"面""线""点"相结合的中宏观布局规划方法，人行过街设施选址、选型规划以及附属设施配置的微观层面规划方法，为建设有特色、有温度、有活力的城市道路人行过街系统提供重要技术支撑。本文提出的城市道路人行过街设施规划方法将应用于天津市，验证方法的可行性和实用性，以期为其他城市人行过街设施规划提供有益的参考和借鉴。

【关键词】行人过街；过街设施；过街设施布局规划；过街设施选址

作者简介

张红健，女，硕士，天津市城市规划设计研究总院有限公司，工程师。电子邮箱：875641217@qq.com

齐林，男，硕士，天津市城市规划设计研究总院有限公司，高级工程师。电子邮箱：396288774@qq.com

洛玉乐，女，硕士，天津市城市规划设计研究总院有限公司，助理工程师。电子邮箱：luo_yule@163.com

工业园区道路交通体系推导性控制研究

鲍业辉

【摘要】道路交通规划在一定程度上决定了工业园区的发展，本文基于控制性详细规划的项目实践，针对工业园区路网技术等级低、与产业用地不协调、连通性差、设施缺失等问题，通过"明需求、搭骨架、织路网、留弹性、优集散"五步走，确定路网体系及交通组织方案。基于现状路网及上位规划，构建园区外部圈层，将"大量、重型、高效"的运输服务企业安排在外围圈层周边，为企业提供优质的运输服务，并减少其对内部交通的干扰。基于通勤需求，规划通勤通道，保障机非分离的道路空间。基于现状停车需求的分布，统筹布局货车司机之家及货车停车场。基于车辆的型号，差别化控制客货运通道的车道宽度。逐层推导道路交通体系，量化道路空间，构建支撑园区发展的高效综合交通体系。

【关键词】工业园区；圈层式；推导；通勤

作者简介

鲍业辉，女，硕士，江苏省城镇与乡村规划设计院有限公司，高级工程师。电子邮箱：32218017@qq.com

基于多目标决策的城市交通廊道优化研究

张意鸣

【摘要】城市发展过程中，交通廊道与空间布局存在紧密的互动性发展。整体的空间体系结构依托交通走廊对城市副城、新城和组团化起到进一步拓展和优化完善的作用，提升了区域的交通韧性。本文以温馨路改造方案为例，从完善路网系统的角度出发，重点分析城市空间布局与交通走廊的互动性联系、区域的交通需求特征、职住平衡的发展、合理的路网密度和分级、治理交通拥堵与构建分流体系、城市更新升级等相关内容；以道路工程评价方法为核心内容，把握整体统筹和局部聚焦，比较区域廊道和节点交通流量、周边用地可达性，分析了不同方案的合理性和韧性发展价值。

【关键词】交通廊道；空间布局；发展韧性；交通需求特征；道路工程

作者简介

张意鸣，女，硕士，武汉市规划院（武汉市交通发展战略研究院），助理工程师。电子邮箱：564049258@qq.com

国土空间背景下的生活区道路横断面布局优化研究

滕法利

【摘要】城市建设用地与道路用地关系的协调，通过生活区用地与交通的协调关系，明确道路红线宽度。本文以青岛中德生态园为例，采用路网容量测算与仿真结合的方式，通过道路红线优化，实现在满足交通出行的前提下节约土地资源，为国土空间总体规划阶段城市道路用地的划定提供参考。

【关键词】道路横断面；路网容量；国土空间；生活区

作者简介

滕法利，男，硕士，青岛市城市规划设计研究院，工程师。
电子邮箱：1187956749@qq.com

新时期北京市铁路货场发展分析
与提升优化思考

王耀卿　张　宇　郑　猛　李　爽　张　研

【摘要】铁路货场是城市重要的战略资源，是城市物资保障的重要节点。北京在落实新版总体规划要求，在疏解非首都功能的过程中，面临铁路货场的"去留"抉择。本文立足于路市战略协议，聚焦铁路货场"现状资源梳理、规划规模测算、功能布局优化"，通过深入的调查取证、广泛的经验借鉴、严谨的上位规划传承，结合未来铁路在货运中的定位，对规划的铁路货场提出"增强、转型、转移、储备"四类优化利用思路。本文介绍的铁路货场布局及功能优化的研究探索可为超大城市铁路货运相关研究与实践提供参考。

【关键词】铁路货运；北京市；城市物流；铁路场站；城市更新

作者简介

王耀卿，男，硕士，北京市城市规划设计研究院，工程师。电子邮箱：wyq2623838@163.com

张宇，男，硕士，北京市城市规划设计研究院，副所长，教授级高级工程师。电子邮箱：zy_jts@aliyun.com

郑猛，男，本科，北京市城市规划设计研究院，所长，教授级高级工程师。电子邮箱：zhengmeng@bjfcfggsjxjy999.onexmail.com

李爽，女，博士，北京市城市规划设计研究院，主任工程师，教授级高级工程师。电子邮箱：lishuang@bjfcfggsjxjy999.

onexmail.com

张研，男，硕士，北京市城市规划设计研究院，工程师。电子邮箱：407431191@qq.com

城镇化地区干线公路布局模式聚类研究

——以浙江省为例

陈丹璐　　刘　川　　何丹恒　　王仲豪

【摘要】随着我国城镇化快速发展，干线公路与城镇空间矛盾日益突出，亟须探究城镇化地区干线公路布局特征和引导策略。本文首先基于浙江省人口密度栅格数据与城镇化率面板数据，使用 DBSCAN 聚类和 Alphashapes 算法计算得到 184 个城镇化地区面域数据，叠加全省干线公路矢量数据后，得到 184 个干线公路布局单元。其次，构建量化城镇空间受公路干扰程度、城镇化地区公路对外联系方向均衡性和城镇公路规模特征的三项指标：城镇空间最大切割面积比、城镇空间最大切割边界比、公路密度，并基于这三项指标对城镇化单元的干线公路布局模式开展 KMeans 聚类分析，结果得到环放式布局、环线绕越型、多向贯穿型、单向贯穿型四种布局模式。最后，提出不同类型城镇地区的布局模式、优化方向以及动态调整建议。

【关键词】干线公路；城镇化地区；布局模式；聚类分析

作者简介

陈丹璐，女，硕士，浙江数智交院科技股份有限公司，助理工程师。电子邮箱：1480865070@qq.com

刘川，男，硕士，浙江数智交院科技股份有限公司，高级工程师。电子邮箱：570780296@qq.com

何丹恒，男，硕士，浙江数智交院科技股份有限公司，高级

工程师。电子邮箱：jameshdh@163.com

　　王仲豪，男，硕士，浙江数智交院科技股份有限公司，助理工程师。电子邮箱：495111684@qq.com

武汉城市快速路系统的实施策略研究

刘　凯　焦文敏　李若怡

【摘要】快速路网是大城市路网的骨架，快速路系统从布局规划到建成是一个长期的过程，可能经历数十年时间，需要对快速路建设时序作出合理安排，以充分发挥快速路网建设对于城市发展的支撑和引领作用。本文以武汉市为例，简要回顾了武汉市快速路系统建设的历史，分析了城市社会经济发展需要、机动化发展速度、城市投资能力等多种因素，从城市用地发展、对外快速通道、综合交通枢纽以及其他重大基础设施衔接四个方面研究快速路系统的建设时序，并从建设计划安排、实施性规划编制、工程实施机制三个方面总结了武汉市快速路系统能够"一张蓝图干到底"的推进机制。

【关键词】快速路；交通枢纽；建设计划；实施性规划

作者简介

刘凯，男，硕士，武汉市规划研究院，主任工程师，高级工程师。电子邮箱：178140297@qq.com

焦文敏，女，硕士，武汉市规划研究院，高级工程师。电子邮箱：178140297@qq.com

李若怡，女，硕士，武汉市规划研究院，工程师。电子邮箱：178140297@qq.com

线站一体式城市物流中心规划布局研究

张 伟

【摘要】本文提出了线站一体式物流中心的概念，分析了高快速与物流中心捆绑式规划及实施的必要性和可行性，并对其规划布局模式进行了分析，提出了相关规范衔接、国土空间物流设施一张图和建设运营同步化等实施路径，以指导城市物流系统的快速构建，为城市物流设施布局提供了新思路。

【关键词】国土空间；城市物流规划；物流中心；线站一体式；深圳

作者简介

张伟，男，硕士，深圳市规划国土发展研究中心，高级工程师。电子邮箱：17780662@qq.com

轨道交通站点与土地利用协同评价研究

——以西安市部分站点为例

刘羽凡　王聪聪　杨逸辰　赵　萌

【摘要】西安市当前正处于地铁快速发展时期，地铁站点地区成为城市新的活力增长点。但由于旧城更新不及时、地铁建设不到位等一系列问题，开始出现站点地区交通价值和空间价值不匹配的现象。因此，处理好交通节点价值和城市场所价值之间的关系对于地铁站点地区的发展至关重要。本文选取西安市 8 个地铁站点地区作为研究对象，基于节点—场所模型构建指标体系，包括出站人次、公交站点数量、可达性和土地利用混合度等指标，对各站点地区的发展水平进行评价。研究结果表明：体育场站、朝阳门站、大明宫西站和开远门站属于平衡型站点，龙首原站属于从属型站点，纬一街站和南稍门站属于失衡场所型站点，凤城五路站属于失衡节点型站点。根据此结果，有侧重性地提出各站点地区的发展策略：对于从属型站点，应提高街区的开放程度、优化步行网络和提升功能混合度；对于失衡节点型站点，应对老旧小区进行城市更新，提升居民的居住舒适度、满意度及幸福感；对于失衡场所型站点，应通过部分地块的更新，降低区域的开发强度，增加交通供给。

【关键词】轨道交通；协同；节点—场所模型；地铁站点地区；西安市

作者简介

刘羽凡，女，本科在读，长安大学。电子邮箱：2019902595@

chd.edu.cn

王聪聪，女，本科在读，长安大学。电子邮箱：18098028708@163.com

杨逸辰，女，本科在读，长安大学。电子邮箱：3216235516@qq.com

赵萌，男，博士，长安大学，讲师。电子邮箱：zhaomeng1987@chd.edu.cn

基金项目

基于多源数据的城市轨道交通站域片区开发技术研究

陕西省教育厅服务地方专项计划项目

宁波市绕城内横向高速公路改造方向研究

朱 锦 项 玮 朱泳旭

【摘要】本文以宁波市绕城内横向高速公路的改造为例，研究发现伴随城镇化进程的不断推进，高度城镇化地区高速公路交通功能也不断转变，并结合宁波特征，指出宁波绕城内横向高速公路主要存在城市用地割裂、衔接道路能力不匹配和环境安全影响3个方面的问题。研究从高速路网的承接、区域联系需求、稀缺资源的保留和经济效益的平衡4个方面对横向高速公路的改造方向进行论证分析，提出4种高速公路改造方向，并针对服务人口岗位、出行时效、交通状况改善、土地利用价值、生态价值和改造成本6个要素对改造方案进行综合比选。研究建议宁波绕城内横向高速公路的改造应尊重现有设施、既有规划和生态景观要求，适应城市的发展，满足城市交通需求，实现经济最优化。

【关键词】高度城市化地区；高速公路改造；改造方向；综合比选

作者简介

朱锦，女，硕士，宁波市规划设计研究院，工程师。电子邮箱：510494283@qq.com

项玮，女，硕士，宁波市规划设计研究院，高级工程师。电子邮箱：1115848192@qq.com

朱泳旭，男，硕士，宁波市规划设计研究院，工程师。电子邮箱：510494283@qq.com

深圳市轨道交通站点可达性
与商业活力耦合度分析

颜文炬　彭　群　严仙友阳　姚菲灵

【摘要】轨道交通在推动城市发展、延长市民出行距离的同时也提升了城市中心区的客流量和商业价值。本文对深圳市轨道交通站点的可达性及其周边商业活力进行了测度，接着构建了轨道交通站点可达性与商业活力耦合协调度模型，并分析了轨道交通站点发展与城市商业中心的协同关系，为轨道交通的运营与服务决策提供了参考。研究发现：轨道交通的建设引导大城市商业业态进一步向城市中心区域集聚，使其成为二者耦合程度最高的地区；深圳市关外商业区依托轨道交通站点，成为耦合协调发展的新生长区域；站点商业活力与轨道交通站点可达性呈正相关关系；深圳市耦合失调型站点的比例高于耦合协调型，位于城市中心区域的站点可达性与商业活力间的相互作用更强。

【关键词】轨道交通站点；站点可达性；商业活力；城市中心区；耦合度；耦合协调度

作者简介

颜文炬，男，在读硕士，深圳大学建筑与城市规划学院智慧城市研究院。电子邮箱：as3444@vip.qq.com

彭群，女，在读硕士，深圳大学建筑与城市规划学院智慧城市研究院。电子邮箱：873666237@qq.com

严仙友阳，女，在读硕士，深圳大学建筑与城市规划学院。

电子邮箱：2110326004@email.szu.edu.cn

姚菲灵，女，在读硕士，华南理工大学建筑学院。电子邮箱：690143511@qq.com

空间治理视角下的轨道车站一体化更新改造

——以北京市首都功能核心区为例

吴丹婷　刘岩松　魏　贺

【摘要】随着城市进入存量更新发展阶段，城市交通关键问题已由如何解决交通出行供需矛盾转变为如何通过实施交通集约建设，促使城市高品质发展，实现人民对美好生活的向往。同时，轨道车站一体化更新面临着土地资源紧缺、发展空间紧缩、历史遗留限制、社会诉求多样等复杂挑战，单效益目标、单约束配置、单主体建设、单要素提升的传统更新模式已难以满足交通便捷出行、公共空间活力、人们宜居生活、城市融合发展等多样化需求。本文以北京市首都功能核心区为试点，尝试将轨道车站一体化置于空间治理逻辑框架中，重塑"服务一体化、空间一体化、利益一体化"的价值内涵，提出"一套评价指标体系+一张总图+一组措施工具箱+一份站点档案"的系统化政策工具，从资源重构、决策制定、政策执行、功能机制四个层面，营造一个多主体价值统一、多要素资源整合、多部门治理协同、多层级互动推进的空间治理环境，以期为其他城市轨道车站一体化更新的持续发展、体系完善、范式转型、实践工作提供思路和参考。

【关键词】空间治理；存量更新；轨道车站；一体化；北京

作者简介

吴丹婷，女，硕士，北京市城市规划设计研究院，工程师。
电子邮箱：243691060@qq.com
刘岩松，男，硕士，北京市城市规划设计研究院，工程师。

电子邮箱：liuyansong@bjfcfggsjxjy999.onexmail.com

魏贺，男，硕士，北京市城市规划设计研究院，高级工程师。电子邮箱：clanbaby@163.com

都市圈背景下珠三角枢纽（广州新）机场城市轨道线路规划思考

张海雷　谢涵洲　赵莉莉

【摘要】机场城市轨道线路是保障机场陆侧与城市快速连接的重要手段。本文在总结国内外机场建设经验的基础上，结合珠三角枢纽（广州新）机场的功能定位、所处区位、区域轨道规划情况，探讨机场城市轨道线路的规划方案，结合广佛都市圈的城市轨道网络一体化规划方案，提出了线网融合延伸服务都市圈的规划方案；结合佛山市域及中心区规划布局，对城市轨道机场线的规划模式、中心区接入点方案、轨道衔接方案进行规划思考，并对近期实施轨道线路及远期预留工程提出了实施建议。

【关键词】都市圈；城市轨道机场线；融合发展；轨道衔接

作者简介

张海雷，男，硕士，佛山市城市规划设计研究院，交通二所所长，高级工程师。电子邮箱：79245230@qq.com

谢涵洲，男，硕士，佛山市城市规划设计研究院，主任工程师，高级工程师。电子邮箱：245255833@qq.com

赵莉莉，女，硕士，佛山市城市规划设计研究院，工程师。电子邮箱：835912780@qq.com

中等城市立体人行过街设施规划方法研究
——以天津市武清城区为例

李河江　唐立波　尚庆鹏　郭本峰

【摘要】中等城市立体人行过街设施的规划布局与大城市存在较大不同，本文通过分析其城市和交通特征，提出立体人行过街设施规划布局的总体思路，并依据承担的功能不同，将立体人行过街设施划分为四类，分别提出规划布局方法。详细研究两类立体人行过街设施规划的方法包括：首先，通过分析道路等级、用地性质等，初步定性判断过街设施形式；其次，基于道路通行能力恒定的原则，针对路段和交叉口两种情形，分别提出不同道路机动车饱和度情况下，需要设置立体人行过街设施的行人过街流量取值范围。最后，以天津市武清城区为例，分析预测机动车出行和行人过街需求，重点结合区域交通走廊、骨架绿道、城市门户通道的布局，提出立体人行过街设施规划方案。

【关键词】中等城市；立体人行过街设施；规划方法

作者简介

李河江，男，硕士，天津市城市规划设计研究总院有限公司，工程师。电子邮箱：626100056@qq.com

唐立波，男，硕士，天津市城市规划设计研究总院有限公司，高级工程师。电子邮箱：270670982@qq.com

尚庆鹏，男，硕士，天津市城市规划设计研究总院有限公司，助理工程师。电子邮箱：sqp378@163.com

郭本峰，男，硕士，天津市城市规划设计研究总院有限公司，高级工程师。电子邮箱：40237328@qq.com

精细化治理背景下公共通道规划标准研究

焦文敏　王岳丽　邹　芳

【摘要】为提高微循环道路密度，优化街区路网结构，武汉市于 2014 年提出了公共通道的管控方式，由于其不影响用地单位权属且线型可结合建筑布局优化调整，公共通道与其他城市道路相比，在用地灵活性，实施可行性等方面具有较大优势，与当前存量发展背景下用地集约节约利用的要求十分契合。为进一步推广公共通道的使用，提升城市精细化治理水平，本文通过剖析公共通道现状存在的问题，在研究相关政策法规及先进城市案例的基础上，将公共通道细化为车行、慢行两类，并分类提出了对应的划定阈值及布局原则，最后参考其他城市街巷、胡同的做法提出了公共通道的建议横断面及相关建设要求。

【关键词】公共通道；划定阈值；建设标准

作者简介

焦文敏，女，硕士，武汉市规划研究院，高级工程师。电子邮箱：53551059@qq.com

王岳丽，女，硕士，武汉市规划研究院，正高职高级工程师。电子邮箱：53551059@qq.com

邹芳，女，硕士，武汉市规划研究院，高级工程师。电子邮箱：53551059@qq.com

机场航站区陆侧交通体系规划方法研究

曹正龙　韩乙锋　黄　迪　焦伟杰

【摘要】目前国内各大机场航站区普遍按照统筹规划、分期建设、滚动发展的思路，其陆侧交通系统又具有需求多样、流量庞大、接驳复杂等特点。因此，需要结合航站区设施布局，规划"可弹性生长"的陆侧交通体系。本文系统分析了航站区陆侧交通出行特征，总结了陆侧交通体系规划方法及定性与定量相结合的评价体系。在此基础上，以济南机场航站区为例，确定了以公共交通为主导的集疏运体系、立体集约的设施布局、到发分离容错性强的双环道路结构和交通组织模式。

【关键词】陆侧交通；道路规划；评价体系；交通组织

作者简介

曹正龙，男，硕士，山东省机场管理集团有限公司，高级工程师。电子邮箱：970467331@qq.com

韩乙锋，男，硕士，山东省机场管理集团有限公司，教授级高工。电子邮箱：hanyifeng@jnairport.com

黄迪，男，硕士，北京城建交通设计研究院有限公司，高级工程师。电子邮箱：huangdi1@bjucd.com

焦伟杰，男，硕士，山东省机场管理集团有限公司，工程师。电子邮箱：1026939786@qq.com

城市公交场站 TOD 开发规划设计方法研究及应用

张亚男　周延虎　尹　东　莫　飞　席　洋

【摘要】基于交通引导城市规划的发展理念，以公交场站用地为载体，研究公交场站 TOD 开发规划设计提升方法体系。本文在总结国内外公交场站 TOD 开发实践案例先进经验的基础上，反思现有规划设计方法的碎片化、应用局限性并指出进一步研究方向。从系统梳理公交场站 TOD 开发全流程技术路线出发，提出公交场站服务客群特征画像的精细化刻画方法，以此为依据明确场站功能定位，研究场站引导周边用地一体化布局的策略，形成场站鼓励融合的功能业态清单及统筹交通和城市需求的场站规模计算方法，构成完整公交场站 TOD 开发技术体系，使规划成果在详细规划编制中予以落实。最后，以北京管庄地区开发为例，实践应用公交场站 TOD 开发规划设计方法。

【关键词】综合开发；详细规划；用地布局；功能融合

作者简介

张亚男，女，硕士，北京城建交通设计研究院有限公司，工程师。电子邮箱：zhangyananjy@163.com

周延虎，男，博士，北京城建设计发展集团股份有限公司，高级工程师。电子邮箱：zhouyanhu@bjucd.com

尹东，男，本科，北京朝阳城市发展集团，副总经理。电子邮箱：13911662812@139.com

莫飞，女，硕士，北京城建设计发展集团股份有限公司，高

级工程师。电子邮箱：mofei@bjucd.com

席洋，男，硕士，北京城建设计发展集团股份有限公司，工程师。电子邮箱：243533393@qq.com

"轨道微中心"背景下的综合交通枢纽优化研究

——以北京霍营枢纽为例

王 通

【摘要】在大力发展"站城一体"发展模式的背景下，北京"轨道微中心"的建设应势而生。轨道微中心的建设改变了枢纽周边的用地性质，对轨道客流特征存在一定影响，枢纽的交通设计应对客流特征的变化给予充分考虑。本文以北京市霍营枢纽为例，首先对枢纽现状各类交通问题进行梳理剖析，然后对未来客流变化趋势进行交通设施的规模分析，最后针对枢纽总体布局、慢行交通、车行交通三个方面提出优化策略，并尝试为霍营枢纽轨道微中心的建设提出切实有效的交通优化方案。

【关键词】站城一体；交通枢纽；交通接驳；交通组织；优化措施

作者简介

王通，男，本科，北京城建交通设计研究院有限公司，工程师。电子邮箱：wangtong1@bjuct.com.cn

城市高新技术园区周边交通提升策略研究

——以北京市中关村软件园为例

李元坤　范　瑞　郭可佳

【摘要】城市密集区的高新技术园区周边的交通系统具有构成复杂性和问题多样性的特征，园区的高就业密度和高出行强度给园区周边交通系统带来不小挑战，易出现交通供给与交通需求、交通面貌与地区定位、交通活力与人群特点不匹配等问题。本文结合北京市中关村软件园周边交通综合提升实践经验，分析中关村软件园周边出行特征和交通症结，明确以"高站位、大尺度、上品味"的标准，打造"怡人易行、动静相宜、智慧高效"的交通环境，强调多层次、多功能、多速度目标的"快中慢管"立体交通体系的建立，提出大力发展公共交通、提升交通承载能力、有序实施规划路网、优化道路空间分配、提升慢行出行感受、引导绿色出行回归、提高精细化管理水平、加强智慧交通系统建设等策略，以此为业内人士提供一定参考。

【关键词】高新技术园区；交通提升；交通策略；缓堵

作者简介

李元坤，女，硕士，北京城建交通设计研究院有限公司，工程师。电子邮箱：731138546@qq.com

范瑞，男，硕士，北京城建交通设计研究院有限公司，高级工程师。电子邮箱：fanrui@uct.com.cn

郭可佳，女，硕士，北京城建设计发展集团股份有限公司，教授级高级工程师。电子邮箱：guokejia@uct.com.cn

05 交通治理与管控

基于信号控制与交通流的
左弯待转区优化研究

邱 月 阙吉佳 曾洪程

【摘要】本研究旨在提高交叉口左转车辆通行效率，并降低左转期间的启停次数。研究采用交通流模型和信号配时算法，针对第一次启停进行优化，主要集中在直行相位和左弯待转区驶入间隔时间等参数上。通过 VISSIM 仿真模型验证优化方案，结果显示交叉口左转通行能力提升约 7.38%，且在设置左弯待转区的前提下，左转车辆的停车次数明显降低。本研究证明了优化设计在提高左转车辆通行能力的同时，也可以减少因待转区设置造成的车辆启停，从而实现对整个交叉口通行效率的优化。

【关键词】左弯待转区；启停次数；交通流模型；交通通行效率

作者简介
邱月，女，硕士，重庆市南岸区规划和自然资源局，工程师。电子邮箱：754995549@qq.com
阙吉佳，女，硕士，中冶赛迪工程技术股份有限公司，工程师。电子邮箱：JiJia.Que@cisdi.com.cn
曾洪程，男，硕士，中冶赛迪工程技术股份有限公司，高级工程师。电子邮箱：Hongcheng.Zeng@cisdi.com.cn

基金项目
重庆市建设科技计划项目：面向车路协同的山地城市智慧道路系统规划设计技术导则研究（课题编号：2021—0127）

武汉市通学交通示范片交通治理研究

彭武雄　李海军

【摘要】随着我国城镇化进程和交通机动化的加速发展，通学交通逐渐受到城市管理者和普通居民的广泛关注。为做好城市通学交通出行环境的治理工作，本文以武汉市永清片为示范片进行了通学交通问题评估，通过借鉴国内外通学治理的相关案例，形成了通学交通治理的八大途径，并提出了永清示范片的近期治理方案。该示范片的交通治理研究对打造武汉市通学交通示范区域，因地制宜实施"一区一案、一校一策"的治理理念，建立一套通学片区交通治理的标准和方法，具有很好的示范作用和指导意义。

【关键词】通学交通；示范片；交通拥堵；改善策略；武汉

作者简介

彭武雄，男，硕士，武汉市规划研究院（武汉市交通发展战略研究院），副部长，高级工程师。电子邮箱：21040843@qq.com

李海军，男，硕士，武汉市规划研究院（武汉市交通发展战略研究院），副院长，正高级工程师。电子邮箱：21040843@qq.com

"双碳"背景下机动车发展政策探讨

——以武汉市为例

张 勇

【摘要】交通领域的碳排放与居民出行行为息息相关，道路交通碳减排的一大关键是让更多的人放弃小汽车而选择步行、骑行或公共交通等更为绿色低碳的出行方式。本文通过对国内外具有代表性的特大城市机动车发展调控经验的分析对比，剖析采取不同调控手段背后的深层次原因。并以武汉市为例，以武汉市交通发展现状为基础，城市自身发展需求为前提，提出符合城市实际情况的机动车发展调控措施建议，引导机动车合理使用，推动实现交通运输结构优化、居民出行方式转变，为相关城市制定机动车发展政策提供参考。

【关键词】碳达峰；碳中和；机动车；调控政策；武汉市

作者简介

张勇，男，本科，武汉市公安局交通管理局，警务技术三级主任，高级工程师。电子邮箱：2390867803@qq.com

交通精细化治理的应用研究

——以厦门东浦路为例

陈保斌　傅重龙　黄国苏　余　岑

【摘要】随着我国城市汽车保有量的不断增加，道路交通问题也随之更为严峻，交通拥堵已成为部分路段上的常态化现象。交通拥堵是一种现象，但造成这种现象背后的原因各不相同。在这种背景下，城市道路交通精细化治理的理念应时而生。交通精细化治理可以根据不同路段的拥堵原因提出针对性的对策，从而有效缓解交通拥堵问题。本文对交通精细化治理的背景、原则和常用对策进行梳理，并以厦门市东浦路为例，针对现状拥堵的情况，深入分析其原因，将交通精细化治理对策应用在该路段。本文对交通精细化治理的梳理和应用研究成果，可为其他城市的拥堵治理提供借鉴。

【关键词】精细化治理；交通拥堵；通行效率

作者简介

陈保斌，女，硕士，厦门市市政工程设计院有限公司，助理工程师。电子邮箱：418518630@qq.com

傅重龙，男，本科，厦门市市政工程设计院有限公司，高级工程师。电子邮箱：624423149@qq.com

黄国苏，男，本科，厦门市市政工程设计院有限公司，高级工程师。电子邮箱：181978923@qq.com

余岑，女，本科，厦门市市政工程设计院有限公司。电子邮箱：2471784844@qq.com

基于出行特征的上海适老交通精细化治理策略

吴立群　陈　欢

【摘要】上海是我国人口老龄化程度最高的城市，老龄人群成为交通出行中不可忽视的重要群体。近些年，上海交通由大规模建设阶段转向建管并举且更注重管理阶段，也逐步由传统粗放式治理向精细化治理转型。本文站在老龄群体交通出行需求的立场上，分析老龄群体的出行行为特征，结合上海城市精细化治理理念和交通精细化治理现状，并借鉴国内外其他城市相关领域的优秀经验，提出未来上海交通精细化治理层面中保障老年人出行的相关建议和措施，以提升老龄人群的出行体验，为构筑更全面、更完善的适老化交通系统提供借鉴和参考意义。

【关键词】老龄人口；出行特征；适老化交通；精细化治理

作者简介

吴立群，男，硕士，上海市城乡建设和交通发展研究院，助理工程师。电子邮箱：wuliqun1996@163.com

陈欢，女，硕士，上海市城乡建设和交通发展研究院，交通管理室主任，高级工程师。电子邮箱：cathleen.ch@163.com

温州市区交通拥堵成因及治堵对策研究

周昌标

【摘要】随着政策的优化调整和社会活动的正常化，我国各大城市的交通拥堵现象卷土重来且有愈演愈烈的发展趋势，交通拥堵治理刻不容缓。本文以温州市区为例，在对现状交通拥堵成因进行研判的基础上，从近期、中期、远期三个阶段分别提出治堵对策。其中，近期的治堵对策注重时效性，以提高既有交通设施的利用效率为重点；中期的治堵对策注重提高交通承载力，以全面加强路网建设为重点；远期的治堵对策注重可持续发展，以引导交通均衡分布和优化出行方式为重点。各阶段的治堵对策和建议均具有较强的针对性，可有力指导温州市区的治堵行动，也可为其他城市的交通拥堵治理工作提供参考。

【关键词】交通拥堵；拥堵成因；治堵对策

作者简介

周昌标，男，本科，温州市城市规划设计研究院有限公司，副总工程师，高级工程师。电子邮箱：11735397@qq.com

考虑非协调相位的绿波协调控制方法研究

屈乾坤　管德永　安文豪　王鹏飞

【摘要】目前关于绿波协调控制的研究大多以降低协调路段的通行延误为目标，而往往忽略了协调路段各交叉口非协调相位的车辆通行情况。笔者认为，只有综合考虑绿波道路上所有路口各个方向的整体通行效率，才能更好地实现绿波方案的协调效果。基于此，本文针对非饱和交通状态，首先通过选取综合评价指标构建绿波效益评价模型，然后以绿波协调控制常规方案为基础，在考虑交叉口非协调相位车辆通行情况的基础上，提出绿波协调方案优化思路，最后进行实例分析，通过设置不同的绿波方案，对各方案运行时所有交叉口各个方向的整体交通效益进行对比分析。结果表明，考虑非协调相位的绿波协调优化方案的整体交通效益能够达到综合最优。

【关键词】绿波协调；综合评价指标；非协调相位；整体交通效益

作者简介

屈乾坤，男，硕士，青岛西海岸智慧城市建设运营有限公司，工程师。电子邮箱：1164144931@qq.com

管德永，男，博士，山东科技大学交通学院，教授。电子邮箱：guandeyong@sdust.edu.cn

安文豪，男，本科，青岛西海岸智慧城市建设运营有限公司，处长，工程师。电子邮箱：451371293@qq.com

王鹏飞，男，硕士，青岛海信网络科技股份有限公司，工程师。电子邮箱：wangpengfei9@hisense.com

当前大城市交通拥堵成因分析与思考

——以武汉市为例

孙小丽　黄广宇　杜建坤　冯明翔　罗小芹　张意鸣

【摘要】大城市随着经济社会的快速发展，机动车增长迅猛，对于城市道路交通、基础设施容量带来巨大挑战。本文以武汉市为例，首先基于交通大数据分析，研判当前城市交通运行拥堵特征和变化情况；其次从居民交通出行特征、机动化调控措施对比、绿色出行体系竞争力、其他客观因素影响等方面梳理、总结大城市交通拥堵成因；最后结合武汉城市和交通发展特征，提出一系列缓解交通拥堵的有关措施和建议，为当前国内大城市交通拥堵精准治理提供参考和依据。

【关键词】大城市；交通拥堵；成因分析；武汉

作者简介

孙小丽，女，本科，武汉市规划研究院（武汉市交通发展战略研究院），总工程师，正高职高级工程师。电子邮箱：378727503@qq.com

黄广宇，男，本科，武汉市规划研究院（武汉市交通发展战略研究院），主任工程师，高级工程师。电子邮箱：26422522@qq.com

杜建坤，女，硕士，武汉市规划研究院（武汉市交通发展战略研究院），工程师。电子邮箱：772588733@qq.com

冯明翔，男，博士，武汉市规划研究院（武汉市交通发展战略研究院），主任工程师，工程师。电子邮箱：mc_feng1228@

163.com

罗小芹，女，博士，武汉市规划研究院（武汉市交通发展战略研究院），工程师。电子邮箱：810061761@qq.com

张意鸣，女，硕士，武汉市规划研究院（武汉市交通发展战略研究院），助理工程师。电子邮箱：564049258@qq.com

一种评估交通组织方案的混合交通仿真模型

——以深圳前海为例

杨涵哲　　郭宏亮　　向燕陵　　刘志杰　　夏国栋　　任彬滔

【摘要】随着优化交通组织方案成为缓解拥堵的重要手段，交通仿真模型作为评估单行组织和禁止左转等交通组织方案的有效工具，其重要性也随之提升。为了解决现有模型的建模范围小、模型维度单一、只能评估现状等局限性，本文提出了一种混合交通仿真模型，并以深圳前海为例，通过模型预测评估了双行、单行不禁左和单行禁左三种规划交通组织方案。结果显示，单行禁左的方案是提升前海路网整体效率的最优解。混合模型通过结合宏观—微观两种维度的区域级建模，打破了建模范围、模型维度等因素对评估准确性的限制，应用场景也从现状仿真评估拓展到远景预测评估。

【关键词】混合交通仿真模型；交通组织方案；单行组织；禁止左转

作者简介

杨涵哲，男，硕士，深圳市城市交通规划设计研究中心股份有限公司。电子邮箱：yanghanzhe@sutpc.com

郭宏亮，男，本科，深圳市城市交通规划设计研究中心股份有限公司，院长，教授级高级工程师。电子邮箱：2807994911@qq.com

向燕陵，女，博士，深圳市城市交通规划设计研究中心股份有限公司，特聘顾问专家。电子邮箱：xiangyanling@sutpc.com

刘志杰，男，硕士，深圳市城市交通规划设计研究中心股份有限公司，副院长，工程师。电子邮箱：liuzj@sutpc.com

夏国栋，男，硕士，深圳市城市交通规划设计研究中心股份有限公司，副院长，高级工程师。电子邮箱：379376189@qq.com

任彬滔，男，本科，深圳市城市交通规划设计研究中心股份有限公司，工程师。电子邮箱：renbintao1991@163.com

面向公共治理的规范电动自行车
秩序策略研究

——以武汉市为例

朱林艳　何　寰　孙　芮　何　倩

【摘要】为合理引导武汉市电动自行车健康有序发展，科学规范电动自行车通行秩序，本文根据技术标准、规范等资料，对电动自行车的发展历程、管理政策、物理特征、出行特征等方面进行了梳理，并进行趋势研判。针对现状问题，从车、人、路三个层面对问题成因进行分析，并且借鉴案例城市的经验做法，最后从车、人、路三个方面提出相应的优化策略及各部门及企业的责任分工。

【关键词】电动自行车；秩序；策略

作者简介

朱林艳，女，硕士，武汉市规划研究院（武汉市交通发展战略研究院），工程师。电子邮箱：1171719148@qq.com

何寰，男，硕士，武汉市规划研究院（武汉市交通发展战略研究院），高级工程师。电子邮箱：3214124@qq.com

孙芮，女，硕士，武汉市规划研究院（武汉市交通发展战略研究院），助理工程师。电子邮箱：13628629500@163.com

何倩，女，硕士，武汉市规划研究院（武汉市交通发展战略研究院），工程师。电子邮箱：787785353@qq.com

大城市近郊岗位高密园区交通治理对策研究

夏　天　刘雪杰　张颖达　李　寻

【摘要】近年来各类国际化、高端化的岗位高密园区不断在各大城市近郊区涌现，甚至成为新的区域经济增长点。但由于此类片区就业人群高度聚集，通勤交通需求潮汐性突出，加上近郊区基础设施配套落后，早晚高峰交通供需关系往往失衡，外部出行环境品质不佳，与园区发展高站位不相匹配，直接影响园区未来发展的吸引力和竞争力。本文分析了近郊岗位高密园区的交通需求特征及存在共性问题，结合近年来城市交通治理新思路、新手段，以北京中关村软件园及周边地区为例，从交通设施完善、集散组织优化、新型需求管理以及街区环境提升等方面提出一套精准化的交通治理对策，以支撑近郊岗位高密园区可持续、高质量发展。

【关键词】大城市；近郊区；岗位高密园区；交通治理

作者简介

夏天，女，硕士，北京交通发展研究院，高级工程师。电子邮箱：xiatian8611@163.com

刘雪杰，女，博士，北京交通发展研究院，正高级工程师。电子邮箱：xiatian8611@163.com

张颖达，男，硕士，北京交通发展研究院，工程师。电子邮箱：xiatian8611@163.com

李寻，男，硕士，北京交通发展研究院，工程师。电子邮箱：xiatian8611@163.com

小切口精准化交通治理提升研究

——以广州市天河区智慧城核心区高新科技园为例

汪振东　王江萍　赵国锋　常　华　张晓航

【摘要】科技园区作为城市重要发展功能区，是拉动经济增长重要引擎，但一些地区城市规划实施与区域发展存在不协同问题，规划实施历史欠账较多，交通设施供给难以满足区域发展需求。如何在用地开发与设施供给不匹配条件下，挖潜既有交通设施容量，提升内外通行能力，是破除进出交通"肠梗阻"症结的关键。为此，本文以广州市天河区智慧城核心区高新科技园作为研究对象，剖析城市重点功能区交通存在的问题，通过对路网结构、交通组织、公共交通、交通管理设施等方面进行分析，研判区域交通症结，以微创手段、实施性强为原则，提出精准化交通治理方案。

【关键词】科技园区；交通设施供给；智慧城核心区；精准化交通治理

作者简介

汪振东，男，本科，广州市交通规划研究院有限公司，高级工程师。电子邮箱：28035955@qq.com

王江萍，女，硕士，广州市交通规划研究院有限公司。电子邮箱：642217438@qq.com

赵国锋，男，硕士，广州市交通规划研究院有限公司，副总经理，教授级高级工程师。电子邮箱：33019427@qq.com

常华，男，硕士，广州市交通规划研究院有限公司，副所长，高级工程师。电子邮箱：380911107@qq.com

张晓航，女，本科，广州市交通规划研究院有限公司，工程师。电子邮箱：714793272@qq.com

车路协同混行场景下的车速
与信号动态优化模型

张杰华　韦　栋　熊文华

【摘要】基于车路协同混行场景下对车流中自动驾驶车辆的运行状态全息感知，本文建立一种面向干道绿波协调的车速与信号动态优化模型。模型以干道驶入车辆滞留率、实际行驶轨迹偏离度以及理想行驶轨迹偏离度作为综合评价指标，从"线"（协调干道）到"段"（路段绿波设计车速）再到"点"（信号交叉口）进行优化，实现车速与信号的动态匹配。算例求解及仿真结果显示，与现有固定配时的绿波协调控制方案相比，模型能够根据道路的流量波动动态优化绿波设计车速与信号配时，在流量增长时排队长度减少 65%，停车次数减少 42%，进一步提升干道交叉口的通行效率。

【关键词】智能交通；信号控制；动态优化；绿波协调；车路协同

作者简介

张杰华，男，硕士，广州市交通规划研究院有限公司。电子邮箱：zjh530868646@163.com

韦栋，男，本科，广州市交通规划研究院有限公司，所长，教授级高级工程师。电子邮箱：451048915@qq.com

熊文华，男，硕士，广州市交通规划研究院有限公司，正高级工程师。电子邮箱：285808139@qq.com

基于交通冲突分级的平面交叉口
安全评估方法

罗芷晴　　熊文华　　鲍瀚涛

【摘要】平面交叉口作为路网的重要节点，是路网中交通安全风险较高的区域。为了减少交通事故、提高平面交叉口的交通安全管理水平，有必要对平面交叉口存在的潜在安全风险进行研究分析。本文考虑不同类型冲突点分布特点的差异，将冲突点分为机动车—机动车、机动车—非机动车、机动车—行人、非机动车—非机动车、非机动车—行人五类，分别阐述了各类冲突点的冲突风险及其分布特征，进而实现冲突点等级划分。然后，基于冲突点分级及其空间分布特征合理划分交叉口安全区域，并引入交叉口综合冲突指数以量化评估城市平面交叉口的交通安全风险，为交通管理部门进行交叉口交通管控效果评价提供相应的理论支撑。

【关键词】交通安全；冲突点分级；安全区域；城市交叉口

作者简介

罗芷晴，女，硕士，广州市交通规划研究院有限公司。电子邮箱：1164366350@qq.com

熊文华，男，硕士，广州市交通规划研究院有限公司，正高级工程师。电子邮箱：285808139@qq.com

鲍瀚涛，男，硕士，公安部交通管理科学研究所。电子邮箱：1400385277@qq.com

高度城市化地区高速公路主动
交通管控技术浅析

罗舒琳　唐　易　丘建栋

【摘要】针对高度城市化地区大范围高密度路网全域交通预测精度低、常态化拥堵管控成效不理想、复杂安全风险评估不准确、城市交通体征考虑不足等问题，本文系统梳理国内外主动交通管控技术的发展现状，从高度城市化地区交通特性及其亟待解决的问题入手，提出数据+仿真融合的大范围路网交通态势预测、基于拥堵溯源的定向常态化拥堵治理、纳入驾驶行为的安全风险评估及兼容低碳目标的多向交通管理等主动管控方法，为解决高度城市化地区高速公路主动交通管控问题提供思路。

【关键词】高速公路；主动管控；城市化；大范围预测；靶向诱导

作者简介

罗舒琳，女，硕士，深圳市城市交通规划设计研究中心股份有限公司，工程师。电子邮箱：luoshulin@sutpc.com

唐易，男，硕士，深圳市城市交通规划设计研究中心股份有限公司，工程师。电子邮箱：tangyi@sutpc.com

丘建栋，男，博士，深圳市城市交通规划设计研究中心股份有限公司，教授级高级工程师。电子邮箱：qjd@sutpc.com

"人民城市"理念下上海交通管理精细化升级的对策研究

李　薇　刘明姝　吴立群

【摘要】"人民城市"是城市的根本属性，城市管理精细化是促进城市管理转型升级、提升现代化水平、助力"人民城市"建设的内在要求。交通作为城市管理的重要领域之一，升级管理精细化能力是其必然需求。为了进一步提升上海交通治理现代化能力和水平、支撑和实践上海"人民城市"建设，本文开展了系统、深入和创新性的研究，包括深刻分析阐述"管理精细化"工作的内涵、全面系统研究上海交通领域管理精细化工作的历程与成就、多维度和多视角分析上海交通管理精细化工作存在的问题、从管理内容和管理手段等方面提出进一步完善和升级的对策建议等。

【关键词】"人民城市"；上海交通；管理精细化；转型升级；对策建议

作者简介

李薇，女，硕士，上海市城乡建设和交通发展研究院，工程师。电子邮箱：276489651@qq.com

刘明姝，女，硕士，上海市城乡建设和交通发展研究院，高级工程师。电子邮箱：liumingshutj@126.com

吴立群，男，硕士，上海市城乡建设和交通发展研究院，助理工程师。电子邮箱：wuliqun1996@163.com

道路资源稀缺型城市电动自行车发展对策研究

——以广州市为例

谭云龙

【摘要】电动自行车保有量的快速增长给道路资源稀缺型城市带来了诸多挑战，成为城市管理中亟待解决的问题。本文以广州市为例，基于大量数据调查，分别从电动自行车发展历程、出行需求、出行特征及设施供给等方面全面剖析发展现状存在问题及深层次根源；从电动自行车发展政策环境要求、硬件条件约束、未来交通发展趋势等方面分析发展条件，在此基础上提出总体发展思路，并分别从管理政策、设施供给、治理能力等方面提出发展对策设想。

【关键词】道路资源；电动自行车；出行特征；发展对策

作者简介

谭云龙，男，博士，广州市交通运输研究院有限公司，所长，高级工程师。电子邮箱：89355295@qq.com

面向精准治理要求的深圳停车配建标准修订

梁倩玉

【摘要】为指导深圳新版停车配建标准修订，本文运用精准治理思维，分析识别停车配建标准的存在问题、修订方向及修订重点。首先，对深圳停车配建标准发展历程进行了回顾，并对未来停车发展特征进行了分析。新时代背景下城市停车需求的扩大化、多元化、差异化对停车规划标准提出新的要求，主要表现为强调标准的动态性、系统性和精细性。其次，结合深圳未来城市与交通发展战略目标要求，对现行停车配建标准进行了系统评估，新版标准要立足当前停车需求分类特征，着眼未来停车系统可持续发展，实施"分类分区"差异化、精准化停车供给策略。最后，借助大数据分析技术，对分类停车需求进行了预测判断，并对分类停车配建标准进行了修订。

【关键词】交通规划；停车配建标准；精准治理；超大城市；深圳

作者简介

梁倩玉，女，硕士，深圳市规划国土发展研究中心，高级工程师。电子邮箱：winly1@163.com

城市停车综合治理策略与治理方案研究

苏文恒　朱月河　王国晓

【摘要】在近年来机动车保有量持续快速增长背景下，城市机动化水平已经处于高位，"停车难"问题日益突显。各级政府及相关部门从规划、建设、管理等方面采取了一系列手段和措施，取得了一定成效，但停车供需矛盾仍较为突出，亟须制定停车综合治理方案解决停车供需矛盾问题。本文以某特大城市主城区停车供需现状为基础，结合实地调研与 GIS 数据库分析，指出当前存在的夜间白天供需矛盾差异化、老旧小区停车位供给不足、部分区域动静态交通矛盾突出等问题，从治理单元网格化、综合治理、动静态交通协同等角度探讨停车综合治理模式，为解决停车供需矛盾提供策略与思路。

【关键词】综合治理；治理单元；老旧小区；动静态交通；GIS

作者简介

苏文恒，男，硕士，江苏都市交通规划设计研究院有限公司，工程师。电子邮箱：528056166@qq.com

朱月河，男，硕士，江苏都市交通规划设计研究院有限公司，高级工程师。电子邮箱：3149868803@qq.com

王国晓，男，硕士，江苏都市交通规划设计研究院有限公司，研究员级高级工程师。电子邮箱：280244546@qq.com

西部特色城市交通拥堵研究

——以拉萨中心城区为例

董杨慧　顾　涛　祝　超　白同舟　刘雪杰

【摘要】近年来，一方面随着城市快速发展，机动车保有量快速增长，另一方面受西部多山脉河流地形影响，城市空间发展空间整体有限，交通基础设施供给不足，部分西部城市不同程度出现高峰时段交通拥堵的情况。为了研究此类城市交通拥堵问题的解决思路，本文以西部旅游宗教特色城市——拉萨市的中心城区拥堵为例，开展典型案例研究，以期对地域空间受限、旅游宗教特色突出的西部城市发展、交通拥堵综合治理提供借鉴。

【关键词】西部城市；交通拥堵；交通基础设施；旅游宗教出行；交通综合治理

作者简介

董杨慧，女，硕士，北京交通发展研究院，工程师。电子邮箱：dyh6033@163.com

顾涛，男，本科，北京交通发展研究院，副院长，正高级工程师。电子邮箱：gut@bjtrc.org.cn

祝超，男，硕士，北京三快在线科技有限公司，高级工程师。电子邮箱：zc6461@126.com

白同舟，男，博士，中国国际可持续交通创新和知识中心，高级工程师。电子邮箱：baitz@bjtrc.org.cn

刘雪杰，女，博士，北京交通发展研究院，规划所所长，正高级工程师。电子邮箱：liuxj@bjtrc.org.cn

智慧高速交通管理与控制技术发展概述

丘建栋　连　萌　罗舒琳　唐　易

【摘要】高速公路交通建设进入数字化、智能化转型阶段，行业对智慧交通管理与控制的理解与认知不一，交通管理与控制技术的演进路线及方法体系还不清晰，不利于指导交通治理模式的升级与实践。本文从事件响应、信息服务、交通组织、安全保障与收费管理 5 个维度，系统梳理各细分领域内交通管理与控制的新形式、新方法，为建立统一的智慧化理解提供借鉴；同时，结合国内外智慧高速的典型建设案例，从战略目标、能力建设等视角，对比分析国内外公路智慧化建设的地缘差异，解析智慧公路建设背景下交通管控智能化转型面临的困局，明确阶段性任务，为技术落地解困提供思路；最后，总结并展望交通管理与控制模式的演变趋势，为交通管控智慧化演进提供指引。

【关键词】智慧高速；交通管理与控制；事件响应；信息服务；收费管理

作者简介

丘建栋，男，博士，深圳市城市交通规划设计研究中心股份有限公司，教授级高级工程师。电子邮箱：qjd@sutpc.com

连萌，男，硕士，深圳高速公路股份有限公司，高级工程师。电子邮箱：964230482@qq.com

罗舒琳，女，硕士，深圳市城市交通规划设计研究中心股份有限公司，工程师。电子邮箱：luoshulin@sutpc.com

唐易，男，硕士，深圳市城市交通规划设计研究中心股份有限公司，工程师。电子邮箱：tangyi@sutpc.com

旅游型小城镇停车规划及精细化治理

——以天津市杨柳青镇为例

尉建南　李井波

【摘要】系统性的停车规划是城市停车设施发展的基础，是提升城市品质的重要抓手。现有停车规划主要集中在城市核心区等人口车辆密集区域，对城市外围尤其是具有特殊属性如旅游、行政办公地区的停车规划研究较少。杨柳青作为天津市著名文化旅游型小城镇，不仅有丰富的文化旅游资源，还经常举办大型活动如元宵灯展、杨柳青年画展等。本文以天津市杨柳青镇为例，分析总结旅游型小城镇的出行及停车特点，结合调查数据，采用 GIS 等多种方法提取现状问题，综合考虑常规停车需求和大型活动停车需求提出停车设施规划方案，并提出临时+共享的方式解决旅游停车需求。最后，以民俗闹元宵活动为例，提出精细化交通组织和临时停车场开放措施。

【关键词】旅游型小城镇；停车规划；大型活动；精细化

作者简介

尉建南，女，硕士，天津市城市规划设计研究总院有限公司，工程师。电子邮箱：17120929@bjtu.edu.cn

李井波，男，硕士，天津市城市规划设计研究总院有限公司，高级工程师。电子邮箱：tianjinjiaotong_li@163.com

基于OD反推的区域交通拥堵分析
与缓堵策略研究

——以海口市为例

李鸣旭　郭可佳　范　瑞

【摘要】随着城市经济飞速发展，人口和机动车数量迅猛增加，交通供需的不平衡导致交通拥堵问题日益显现。目前，城市交通缓堵策略普遍采用不断提升交通基础设施的方式，但此方法难以长效地解决日益增加的交通出行需求所带来的城市拥堵问题。应从区域宏观交通层面出发，结合交通仿真模型对区域交通出行特征进行更深层次的分析。本文针对交通拥堵区域，通过现场调查，结合OD反推技术，准确分析和辨别现况区域内的交通问题与症结，研究见效快、有实效、易操作、精准化的交通提升策略，利用交通仿真模型对提升策略进行校验，为拥堵区域提供切实有效的交通提升方案。

【关键词】交通拥堵；精细化；缓堵策略；OD反推

作者简介

李鸣旭，女，本科，北京城建交通设计研究院有限公司，工程师。电子邮箱：limingxu93@126.com

郭可佳，女，硕士，北京城建设计发展集团股份有限公司，教授级高级工程师。电子邮箱：guokejia@bjucd.com

范瑞，男，硕士，北京城建交通设计研究院有限公司，高级工程师。电子邮箱：fanrui@bjucd.com

06 智能技术与应用

XGBoost 模型驱动的出行方式挖掘及超大城市交通结构优化调整思考

蒋 源 李 星

【摘要】在城市交通领域，居民出行结构是评估分析交通发展状况、制定城市交通发展战略目标的基本指标。本文利用 **XGBoost** 机器学习模型相对准确地测算出成都市中心城区（"12+2"城区）的出行结构，并围绕促进城市交通绿色低碳发展的核心目标，针对性地提出了城市交通结构优化调整的相关思考。研究显示，核心城区（"5+1"城区）和"7+1"城区绿色出行比例分别为 73.80%和 67.10%，后者尚未达到"70%"的转型目标。同时，考虑到"7+1"城区人口和万人拥车水平正处于快速上升阶段，分析得出"7+1"城区才是引导居民出行结构向绿色出行转型的关键区域。因此，研究建议针对"7+1"城区与"5+1"城区的向心联系需求，应充分发挥既有轨道交通骨干运输作用；针对"7+1"城区与"5+1"城区的扇面高频联系需求，完善常规公交直达服务；针对"7+1"城区的内部出行需求，提升常规公交效率和慢行出行体验。

【关键词】出行结构；XGBoost 模型；优化调整；超大城市交通；成都市

作者简介

蒋源，男，硕士，成都市规划设计研究院，副主任规划师，工程师。电子邮箱：nojiangpai@163.com

李星，男，硕士，成都市规划设计研究院，所长，高级工程师。电子邮箱：844192390@qq.com

基于车联网数据的驾驶行为
影响因素研究方法

张礼宁

【摘要】如何有效预防异常驾驶行为、提升交通运行环境、促进城市健康有序发展，已经成为日益受到重视的问题，其中交通环境又是影响驾驶行为的重要因素。为了深入挖掘交通环境因素对驾驶行为的影响，本文从天气条件、交通拥堵、道路环境三个方面系统性地综述了对驾驶行为影响因素的研究。总结发现：不利天气影响研究主要集中于速度与车头时距等，而针对微观驾驶行为的研究相对较少；交通拥堵影响研究大多是通过分析驾驶员心理特征变化进而研究驾驶行为，而缺少对两者关系的量化分析；道路环境影响研究偏向于对要素的有无进行研究，而对要素的综合影响以及其属性问题的研究依然不足。另外，本文通过分析车联网数据的优势特点，提出了当前的研究趋势在于数据驱动下不同交通环境对微观驾驶行为的影响研究。最后，借鉴粗糙集理论，提出单因素显著性影响研究方法，并进一步通过关联规则，提出多因素综合影响研究方法。

【关键词】驾驶行为；交通环境；韧性城市；车联网

作者简介

张礼宁，男，硕士，福建省交通规划设计院有限公司，助理工程师。电子邮箱：1037282392@qq.com

基于交通大数据的流量延误函数改进实践

吴祥国　　张建嵩　　翟长旭　　赵必成

【摘要】传统流量延误函数基于人工调查数据采用单一函数类型进行拟合，基础数据获取质量较低、成本较高，函数拟合精度也不高。本文基于 RFID 和车载 GPS 大数据资源标定分段流量延误函数，具有基础数据丰富、覆盖面广、数据动态连续以及可持续获取的优势。首先，采用车载 GPS 数据训练路段的实时车速，计算路段的自由流速度。以路段 RFID 数据为基础，结合流量—密度—速度曲线计算各路段的单车道道路通行能力。其次，结合路段的流量—密度—速度曲线，分别采用线性函数、BPR 函数和幂函数拟合路段畅通流、压缩流和饱和流阶段的分段流量延误函数。最后，结合道路等级、道路坡度、有无中央分隔带、沿线右进右出交叉口数量、前方交叉口形式以及自由流速度、单车道通行能力等道路物理因素，采用聚类分析法对流量延误函数进行分类，获取不同道路等级多种类型的分段流量延误函数，从而支撑现状与规划交通模型应用。

【关键词】交通模型；流量延误函数；交通大数据；重庆中心城区

作者简介

吴祥国，男，硕士，重庆市交通规划研究院，教授级高级工程师。电子邮箱：252308215@qq.com

张建嵩，男，硕士，重庆市交通规划研究院，交通信息中心主任，教授级高级工程师。电子邮箱：14550885@qq.com

翟长旭，男，硕士，重庆市交通规划研究院，副院长，教授

级高级工程师。电子邮箱：34045527@qq.com

　　赵必成，男，硕士，重庆市交通规划研究院，教授级高级工程师。电子邮箱：43194344@qq.com

基于多智能体模型的街道步行空间量化研究

刘丙乾　于儒海　熊　文

【摘要】随着城市规划理论、计算机科学、城市大数据应用实践的不断发展与完善，城市规划研究从经典理想模型逐步向科学智能化仿真模拟演化，而多智能体模型则为城市规划设计提供了全新的视角与方向。本文聚焦多智能体研究的理论模型与实践应用场景，从城市模型发展历程出发，对模型与智能体模拟进行全面细化分析，并结合现阶段城市街道一体化设计的关键难点与重点，对街道步行空间精细化研究中的智能体应用提出具体研究路径，对具体城市设计项目进行循证研究，为未来城市街道空间精细化研究与街道一体化设计，提供了全面、直观、科学的智能体量化分析体系。

【关键词】多智能体；街道步行空间；空间量化

作者简介

刘丙乾，男，硕士，成都市规划设计研究院，规划师。电子邮箱：185559680@qq.com

于儒海，男，硕士，成都市规划设计研究院，高级工程师。电子邮箱：328391914@qq.com

熊文，男，博士，北京工业大学建筑与城市规划学院，副教授。电子邮箱：xwart@126.com

考虑交通需求空间不平衡影响的
交通指数模型

荆　毅　林航飞

【摘要】大数据技术的发展，使通过海量的自动交通检测器数据来定量反映道路交通运行成为可能。研究人员基于不同方法构建了路段和区域的交通指数对城市道路交通运行进行评价，但对于区域交通指数来说，由于考虑因素不够全面，仍不能准确反映整个区域或路网的实际交通运行状况。本文首先通过实例验证了交通需求空间不平衡对区域交通运行的负面影响，并提出了"延误等价"原则来定义区域交通指数；其次，基于综合评价方法中的"熵权法"构建区域交通指数模型，该模型不但包含路段的几何特征、交通特征和网络拓扑特征的因素指标，还引入了表征交通需求空间不平衡的因素指标。最后以上海市杨浦区为例，经验证该区域交通指数能够准确反映区域整体的交通运行状况，并具有较好的适用性，可为相关部门进行设施规划建设、管理政策制定提供支撑。

【关键词】交通指数；交通需求空间不平衡；熵权法；路网每公里车均延误；延误等价

作者简介

荆毅，男，博士，上海市城市建设设计研究总院（集团）有限公司，工程师。电子邮箱：draculajy@163.com

林航飞，男，博士，同济大学交通运输工程学院，教授。电子邮箱：linhangfei@126.com

城市新区特色智能公交走廊规划研究

——以长沙高铁西城雷高路为例

邹　巍　王　骁　田　昆　谭　倩　李　谆　肖雨榭

【摘要】发展智能公共交通体系是提升公交吸引力、加快转变出行方式的重要举措，对于提高区域交通品质、缓解交通拥堵具有重要作用。本文以长沙市高铁西城雷高路为例，通过预测雷高路走廊客流规模，明确其功能定位和运量标准，从而提出无人驾驶智慧公交、新型小运量公共交通系统以及两者混合运行三种模式，并从车辆特点、场站用地、站台设施、路侧设施、线站位布置形式、道路横断面设置要求等方面提出规划方案。以雷高路特色智能公交走廊作为示范，提升高铁西城智慧出行能力，并将其打造成新型智能公共交通区域样板和标杆。

【关键词】公共交通规划；智能交通；新型小运量公共交通系统

作者简介

邹巍，男，硕士，长沙市规划设计院有限责任公司，工程师。电子邮箱：639191782@qq.com

王骁，男，硕士，长沙市规划设计院有限责任公司，工程师。电子邮箱：162229924@qq.com

田昆，男，硕士，长沙市规划设计院有限责任公司，助理工程师。电子邮箱：277581027@qq.com

谭倩，女，博士，长沙市规划设计院有限责任公司，交通研究所主任工程师，高级工程师。电子邮箱：191261894@qq.com

李谆，男，硕士，长沙市规划设计院有限责任公司，交通研究所所长，高级工程师。电子邮箱：25280036@qq.com

肖雨榭，女，本科，长沙市规划设计院有限责任公司，助理工程师。电子邮箱：1297549169@qq.com

推动浙江省智慧交通及交通新基建发展的建议

陈明华　付　旻　郑宜嘉　楼小明

【摘要】为贯彻党和国家关于智慧交通及交通运输新型基础设施建设（简称"交通新基建"）的部署要求，超前谋划浙江省智慧交通及交通新基建工作，开展加快推动浙江智慧交通及交通新基建发展研究。本文全面梳理了浙江省智慧交通和交通新基建发展的基础、短板及行业趋势，围绕智慧交通产业化发展路径及政策保障，提出了一系列实操性强、落地性好的举措，旨在推动浙江省智慧交通行业发展，促进交通运输行业转型升级和率先建成高水平交通强省。

【关键词】智慧交通；交通新基建；产业链；政策保障

作者简介

陈明华，男，硕士，浙江省发展规划研究院，工程师。电子邮箱：chenmh43@163.com

付旻，女，硕士，浙江省发展规划研究院，工程师。电子邮箱：54378477@qq.com

郑宜嘉，男，硕士，浙江省发展规划研究院，助理工程师。电子邮箱：yijia330327@163.com

楼小明，男，博士，浙江省发展规划研究院，高级工程师。电子邮箱：1046875244@qq.com

基于多源数据融合的城市公交线网优化方法

刘玮轩　杜小玉　施　泉

【摘要】韧性交通的基础是数字化能力和信息化能力，而数字化转型已成为公共交通网络优化和服务提升的关键。目前，传统的公交线网优化受限于调研周期长、有效样本率低、调查覆盖面窄和数据更迭慢等因素，难以支撑现阶段公交线网布局优化的精细化决策要求。本文以扬州市中心城区为例，基于手机信令、POI 数据、公交 IC 卡等多源数据融合，研究分析职住空间分布，研判城市公交出行特征，构建公交线网优化和决策支撑系统，为城市公共交通线网优化提供科学依据。

【关键词】韧性交通；多源数据；公共交通；线网优化

作者简介

刘玮轩，男，硕士，江苏都市交通规划设计研究院有限公司，主任工程师，工程师。电子邮箱：602605264@qq.com

杜小玉，女，硕士，江苏都市交通规划设计研究院有限公司，所长，高级工程师。电子邮箱：723865371@qq.com

施泉，男，硕士，江苏都市交通规划设计研究院有限公司，总经理，正高级工程师。电子邮箱：20664392@qq.com

交通治理视角下的中观交通仿真运行模型开发实践

吕海欧 陈先龙 宋 程 黄靖茹

【摘要】由于宏观仿真和微观仿真方法在构建运行模型方面具有明显局限性，基于网络的、动态交通分配的中观交通仿真运行模型成为较为理想的解决方案。本文通过回顾中观交通仿真发展历程和现有研究成果，对比分析相较于宏观和微观仿真建模的优势，解读中观交通仿真建模流程和动态交通分配方法，基于交通治理视角构建城市运行评估指标体系，开展广州市黄埔区运行模型开发实践。针对实际路网的测试表明，中观交通仿真运行模型能够定性分析区域路网供需平衡情况，定量评价拥堵指数，支持监测时变运行状况和研判发展趋势，满足运行级交通评估需要。同时兼具微观模型治理效果定量化评估和可视化展示，建模耗时短且运行效率高，丰富城市交通规划和治理决策技术方法体系，具有深入推广应用的价值。

【关键词】城市交通；运行模型；中观交通仿真；动态交通分配；交通治理

作者简介

吕海欧，女，硕士，广州市交通规划研究院有限公司。电子邮箱：1448732489@qq.com

陈先龙，男，本科，广州市交通规划研究院有限公司，副所长，教授级高级工程师。电子邮箱：314059@qq.com

宋程，男，硕士，广州市交通规划研究院有限公司，正高级

工程师。电子邮箱：510659684@qq.com

黄靖茹，女，硕士，广州市交通规划研究院有限公司。电子邮箱：781511034@qq.com

试论城市交通大脑建设在新时代
国家规划体系中的作用

马小毅　徐　良　江雪峰

【摘要】新时代国家规划体系的健康运转急需更精准的交通支撑和引导，城市交通大脑的建设有助于实现"更精准"的目标。本文回顾定量辅助决策平台的国内外发展情况，剖析政府主导的交通模型和企业主导的城市交通大脑的优缺点，分析政府主导建设城市交通大脑的迫切性和必要性；从应对国土空间规划改革、响应区域协调发展和支撑综合立体交通网建设三个维度阐述新时代对交通的新要求；通过明晰协调统筹和指导约束的城市交通大脑功能定位，进一步论证了政府主导建设的优越性；细化了交通大脑在国土空间、区域规划和综合立体交通网等规划中的应用场景，并从完善顶层设计、强化联动反馈和推动政策规范三个方面提出了实施建议；最后提出了顶层设计可行性的增强需要更多城市加入城市交通大脑建设中的倡议。

【关键词】国家规划体系；国土空间规划；区域协调发展；综合立体交通网规划；城市交通大脑；顶层设计

作者简介

马小毅，男，硕士，广州市交通规划研究院有限公司，副总经理，教授级高级工程师。电子邮箱：406017386@qq.com

徐良，男，硕士，广州市交通规划研究院有限公司。电子邮箱：362095143@qq.com

江雪峰，男，硕士，广州市交通规划研究院有限公司，高级工程师。电子邮箱：jiangxuefeng001@foxmail.com

融合多源数据的城市道路车辆
碳排放测算研究

刘 怡 周 涛 孙琴梅

【摘要】城市道路车辆碳排放在城市交通碳排放中占有较大比重，量化城市道路车辆碳排放量可为城市减碳策略的制定与评估提供重要支撑。考虑车辆碳排放因子受地区影响较大的特点，针对既有研究中采集的城市道路车速与车流量数据动态性较差的局限，本文通过使用车辆 OBD 数据计算本土化碳排放因子，然后结合出租车 GPS 数据与车辆 RFID 数据获取道路实时车速与车流量，搭建起城市道路碳排放测算体系。最后以重庆市菜园坝大桥为例，介绍车辆碳排放测算的具体过程。测算结果显示：菜园坝大桥车辆碳排放量呈现明显双峰特征，早、晚高峰时段碳排放总量占全天碳排放量的14.97%，高峰时段平均小时碳排放量为平峰时段平均小时碳排放量的约 2 倍。

【关键词】OBD 数据；碳排放因子；RFID 数据；碳排放量

作者简介

刘怡，男，硕士，重庆市交通规划研究院，工程师。电子邮箱：1806449833@qq.com

周涛，男，本科，重庆市交通规划研究院，副院长，正高级工程师。电子邮箱：1806449833@qq.com

孙琴梅，女，硕士，重庆市交通规划研究院，主任工程师，正高级工程师。电子邮箱：1806449833@qq.com

基金项目

重庆英才计划 CQYC20210207147/ Chongqing Talent Program CQYC20210207147

天津市道路网设施数字化决策支持平台研究

马　山　杨　舒　郭玉彬　曹　钰　胡　沛

【摘要】作为综合交通系统中的根基要素和支撑城市生活的空间载体，城市道路网设施数字化转型是落实国家战略的重要组成部分，但目前存在存贮分散且缺乏统一标准、关键数据缺失等问题。本文从全域路网数据库整合、指标体系完善、功能模块丰富及可视化效果增强等方面，搭建天津市全域路网设施环境决策支持平台，实现道路设施环境查询、关键指标计算、项目推荐方案一键生成等功能，并基于平台分析评估功能，开展了针对天津市道路网设施环境的系统评估，提出打造布局合理、便捷高效、绿色舒适、功能协调的现代化城市道路体系的规划目标，制定针对性措施，从百姓出行需求、城市商业活力以及缓解道路拥堵等方面提出建议新建道路 223km，从提升街道环境品质、保障慢行安全方面提出改造道路 108km，为政府部门决策提供数据支撑和建议参考。

【关键词】道路网设施；数字化；决策支持平台；全要素；全周期

作者简介

马山，男，硕士，天津市城市规划设计研究总院有限公司，高级工程师。电子邮箱：376578347@qq.com

杨舒，女，硕士，天津市城市规划设计研究总院有限公司，助理工程师。电子邮箱：13820729872@163.com

郭玉彬，男，硕士，天津市城市规划设计研究总院有限公司，助理工程师。电子邮箱：994646271@qq.com

曹钰，女，硕士，天津市城市规划设计研究总院有限公司，工程师。电子邮箱：570021212@qq.com

胡沛，男，硕士，天津市城市规划设计研究总院有限公司，工程师。电子邮箱：hp.arenas@qq.com

行人微观仿真技术在枢纽客流评估中的应用

王静媛　唐　超　王国晓　施　泉

【摘要】大型综合交通枢纽站房建筑设计时，往往较易忽略枢纽内部行人交通组织。伴随设计方案进行前置的客流运行评估分析，可以互动反馈，规避后期客流运行的潜在问题。通过建立区域交通需求预测、枢纽内客流分布预测、枢纽内客流运行评估的多层次模型，可构建大枢纽客流运行评估体系。本文以南京北站为例，基于微观客流仿真技术，实现定量化评估指标输出，在规划设计阶段识别客流运行潜在症结，提出站房设计方案针对性措施。客流运行仿真评估还可以应用于枢纽建设设计及运营等阶段，提高枢纽全生命周期抗风险能力。

【关键词】综合交通枢纽；客流评估；客流预测；客流仿真

作者简介

王静媛，女，硕士，江苏都市交通规划设计研究院有限公司，助理工程师。电子邮箱：478045529@qq.com

唐超，男，硕士，江苏都市交通规划设计研究院有限公司，工程师。电子邮箱：774586399@qq.com

王国晓，男，硕士，江苏都市交通规划设计研究院有限公司，研究员级高级工程师。电子邮箱：280244546@qq.com

施泉，男，硕士，江苏都市交通规划设计研究院有限公司，正高级工程师。电子邮箱：20664392@qq.com

基于大数据的公交专用道运行效率精细化评价方法

刘晏霖　唐小勇　张建嵩　俞　博

【摘要】改善既有公交专用道运行状况需要以精细化评价为基础。本文提出了一种利用公交车 GPS 数据对公交专用道进行精细化评价的方法，可以有效识别公交专用道上公交车通行"低速点"，并对"低速点"进行指标观测及影响程度评价，精准定位制约公交专用道运行效率提升的关键位置。该方法既可用于公交专用道运行效率影响因素研究，又可用于公交专用道的持续动态监测及动态调整优化。

【关键词】公交专用道；运行状况；效率评价；大数据

作者简介

刘晏霖，女，硕士，重庆市交通规划研究院，高级工程师。电子邮箱：562249329@qq.com

唐小勇，男，博士，重庆市交通规划研究院，副总工程师，正高级工程师。电子邮箱：71780735@qq.com

张建嵩，男，博士，重庆市交通规划研究院，主任，正高级工程师。电子邮箱：14550885@qq.com

俞博，男，博士，重庆市交通规划研究院，高级工程师。电子邮箱：815554334@qq.com

基于位置服务大数据的首都通勤圈通勤特征分析

张　政　张　宇　梁天闻

【摘要】培育现代化都市圈、构建一体化交通系统是促进都市圈区域内人员流动、要素互补、职住平衡的重要手段。在此背景下，人群出行时空分布特征量化研究是构建区域交通一体化的前提。本文利用百度位置服务数据，分别采用核密度聚类、等时圈和通勤率等方法，综合划定首都通勤圈范围，然后根据划定的范围，采用标度律对不同区域内各通勤出行需求区间与其频率分布相关关系进行拟合，得到不同区域内通勤出行需求的标度因子，总结通勤圈内的通勤出行特征。结果表明，首都通勤圈范围由北京市域及外围环京 7 个县市组成；通勤圈内各区域不同通勤出行需求和与其对应的频率分布服从标度律特征，各区域的标度因子呈现空间异质性，标度因子大小与交通一体化发展程度有关。

【关键词】首都通勤圈；位置服务大数据；通勤特征；标度律

作者简介

张政，男，博士，北京市城市规划设计研究院，工程师。电子邮箱：zhangzheng018@126.com

张宇，男，硕士，北京市城市规划设计研究院，教授级高级工程师。电子邮箱：48188517@qq.com

梁天闻，女，硕士，交通运输部公路科学研究院，助理研究员。电子邮箱：740442287@qq.com

基于多元数据融合的地铁站点选址评价研究

——以上海市为例

马佳豪　王　正　顾　民

【摘要】随着上海市五大新城布局的提出，结合人口出行需求，地铁在外环线以外非中心区域内有很大发展空间。本文结合现有各类设施和地铁站点布局规律，对外环线以外区域地铁站点进行网格选址预测。为了使评价结果更加科学合理，本文通过机器学习的方法，使用决策树 ID3 算法，建立模型并初步预测得到 6534 个适合建设地铁站点的网格，并在此基础上，利用手机信令数据得到的出行 OD 数据对预测网格进行筛选。随着 OD 赋值网格数据的增加，对比上海市地铁站点现状分布，可以得到上海市外环线以外区域预测网格的发展方向和预测点位，并为现状地铁站点发展提供补充参考。

【关键词】多元数据；地铁站点；机器学习；网格选址；选址评价

作者简介

马佳豪，男，本科在读，上海海事大学。电子邮箱：1348187312@qq.com

王正，男，博士，上海海事大学，硕士生导师，副教授。电子邮箱：zhengwang@shmtu.edu.cn

顾民，男，硕士，上海市政工程设计研究总院（集团）有限公司，高级工程师。

基金项目
上海市科委项目：项目编号（20dz1202900）

基于图神经网络和高德交通态势数据的道路短时速度预测

刘昊飞　陈易辰　王　良　张晓东

【摘要】城市是一个多层开放的复杂巨系统，包括公路、铁路、航空和水上交通系统的图网络。利用深度学习算法，采用模式识别和时空推演机制，可以对大都市地区的历史交通流量、速度和占有率进行基于数据驱动模型的短期预测，从而以一种低成本的方式进行城市交通精细化管理。本研究采用图神经网络方法（如 GAT 和 GCN 等方法），基于 2021 年 3 月和 4 月从高德地图 LBS 开放数据 API 得到的城市道路网交通状况数据，以 30min 为间隔进行短期交通速度预测。速度预测的结果可以被校核并应用于交通信息广播、社交网络和可变信息标志等渠道，以实时信息引导影响驾驶员的路径选择行为。

【关键词】短时速度预测；图神经网络；城市道路网络

作者简介

刘昊飞，女，硕士，北京城垣数字科技有限责任公司，工程师。电子邮箱：liuhaofeisheval@163.com

陈易辰，男，本科，北京城垣数字科技有限责任公司，工程师。电子邮箱：chenyc@pku.edu.cn

王良，男，硕士，北京市城市规划设计研究院，工程师。电子邮箱：wljean@126.com

张晓东，男，硕士，北京市城市规划设计研究院，教授级高级工程师。电子邮箱：zhangxd-bicp@outlook.com

智慧供应链物流的实践模式与发展思考

王贤卫

【摘要】现代物流是支撑经济社会发展的先导性、基础性、战略性产业，大力发展智慧物流是构建现代物流体系的重点内容，也是打造韧性、高效、品质物流服务的必由途径。本文首先分析新时代物流高质量发展的形势背景，梳理了供应链与智慧物流的理论内涵，重点以浙江为例，总结了企业在制造业、商贸业、现代农业三大产业领域，通过数字赋能创新形成智慧供应链模式推进物流提质增效降本的实践经验，并根据新形势发展战略要求提出未来智慧供应链物流发展的策略思考。

【关键词】智慧物流；供应链；韧性；高效；品质

作者简介

王贤卫，男，博士，浙江省发展规划研究院，高级工程师。电子邮箱：wxwtj0316@126.com

混合交通流环境下网联自动驾驶车辆控制比例研究

王璐垚　安　娜

【摘要】面向新型出行方式的城市交通网络流量分配问题与控制策略，是研究城市交通供需平衡、缓解未来城市交通拥堵的重要组成部分。本文以传统车辆（Manual driving vehicle，HV）到完全 CAV（Connected and automated vehicle）的过渡时期为背景，在分析混合交通流对路段通行能力的影响的基础上，构建网联环境下多用户混合交通流分配模型。以路网总阻抗增益与控制强度为目标函数，建立 CAV 最优控制比例优化模型，合理规划服从网联系统控制车辆的数量以尽可能改善路网运行状况。算例结果显示所提出的控制策略可有效地减少系统成本。

【关键词】CAV；混合交通流环境；交通分配；系统控制比例

作者简介

王璐垚，男，硕士，沈阳市规划设计研究院有限公司，助理工程师。电子邮箱：1073776745@qq.com

安娜，女，硕士，沈阳市规划设计研究院有限公司，助理工程师。电子邮箱：trafficplanning@163.com

基于手机信令的夜间出行需求集聚性与差异性分析

舒玥绮　金　辉

【摘要】本文以苏州市各区为主要研究区域，基于手机信令数据挖掘夜间出行之间的需求分布特征，对不同场景下的夜间出行绘制出行缓冲区融合并进行集聚性以及差异性分析。通过集聚性分析，可得到居民夜间出行的共同特征，基于此特征布设或者改善夜间公共交通路线，能够服务最基本的出行需求，保障公共交通出行路网的全面性。通过差异性分析，可得到不同场景下的居民夜间出行的特殊需求，如外出放松、加班通勤出行需求等，基于特殊需求，可对原有夜间公共交通线路进行调整，例如改变发车频率、增加发车数量等。通过集聚性分析和差异性分析，可将某一区域的公交线路作用的功能发挥到最大，在耗费更小的运营成本的基础上，提高公共交通的整体服务水平。

【关键词】手机信令数据；集聚性分析；差异性分析；夜间公交优化

作者简介

舒玥绮，女，在读硕士研究生，苏州大学。电子邮箱：Syq9819@163.com

金辉，女，博士，苏州大学，讲师。电子邮箱：jinh@suda.edu.cn

数据驱动的网约车监管政策框架
及决策支持技术研究

熊子曰　王子懿　李　健

【摘要】本文提出了数据驱动的网约车监管政策框架及决策支持技术。通过梳理国内外网约车监管现状总结监管要点，统筹考虑城市交通系统整体及网约车行业的发展要素，归纳包括总量管控、实时监测、动态评估和适时优化等在内的监管决策需求，由此提出分类、分时、分区的监管政策框架，整理特征识别、状态研判和追溯循证等决策支持技术。基于政策框架及支持技术，制定网约车精细化监管策略。并以厦门市为例开展实证分析，细化网约车运行模式分类和时空特征分析方法，验证监管框架的合理性。

【关键词】交通运输新业态；网约车；监管模式；政策框架；决策支持技术

作者简介

熊子曰，男，在读硕士研究生，同济大学道路与交通工程教育部重点实验室。电子邮箱：xzyolala@163.com

王子懿，男，在读硕士研究生，同济大学道路与交通工程教育部重点实验室。电子邮箱：2133365@tongji.edu.cn

李健，男，博士，同济大学道路与交通工程教育部重点实验室，副教授。电子邮箱：jianli@tongji.edu.cn

07 韧性交通与风险防控

韧性城市建设背景下危险品运输车辆专用停车场规划方法

魏　越　韩军红　程小丹

【摘要】近年来，我国危化品运输需求不断增加，但危化品在生产、储存、运输、使用等各环节，由于有毒有害性、腐蚀性、易燃易爆等特点，具有极强的危险性，极易发生安全事故。危化品流通各环节所面临的压力空前巨大，危化品储运安全议题引起了人民群众的热切关注，得到了全国各级政府的高度重视。但是在实际操作过程中，由于上位规划和相关规范模糊、规划分析方法落后、管理难度大等问题，导致危险品运输车辆专用停车场在规划落地过程中存在不科学、不合理、难落地的情况。本文通过对西北某开发区产业类型、企业特征、运量运次等进行研究，得出适用于当地已有发展模式和未来规划愿景的危险品运输车辆专用停车场规划选址方法。

【关键词】交通规划；城市货运交通；危险品运输车辆；公共停车场；货运需求预测

作者简介

魏越，男，硕士，陕西省城乡规划设计研究院，工程师。电子邮箱：448503506@qq.com

韩军红，女，硕士，陕西省城乡规划设计研究院，工程师。电子邮箱：376826429@qq.com

程小丹，女，硕士，陕西省城乡规划设计研究院，工程师。电子邮箱：1344857862@qq.com

突发公共卫生事件下的
城市公共交通应对策略

王宇飞　　陈学武　　程　龙　　华明壮　　陈文栋

【摘要】面对突发性公共卫生事件，城市分区防控策略发挥了巨大的作用。但该策略在保障居民日常出行、公共交通基本服务方面具有一定的局限性。为进一步完善城市分区防控方法、探究城市分区防控的交通适应性，本文基于交通出行数据挖掘城市居民出行特征及规律，结合社区发现算法对城市出行网络进行划分，并据此提出突发性公共卫生事件下的城市科学分区方法。结果显示，该方法可以显著减少因分区防控而被阻断的居民出行，有助于提高城市突发性公共卫生事件期间的居民出行服务保障能力。在此基础上，本文以分区为单元提出了突发性公共卫生事件下城市及公共交通运营服务的分阶段应对策略。为城市科学应对突发性公共卫生事件、提升公共交通系统韧性提供了宝贵的借鉴价值。

【关键词】城市分区方法；城市公共交通；突发性公共卫生事件应对策略；交通韧性

作者简介

王宇飞，男，在读硕士研究生，东南大学交通学院。电子邮箱：949393202@qq.com

陈学武，女，博士，东南大学交通学院，博士生导师，教授。电子邮箱：chenxuewu@seu.edu.cn

程龙，男，博士，东南大学交通学院，硕士生导师，副研究员。电子邮箱：longcheng@seu.edu.cn

華明壮，男，博士，南京航空航天大学通用航空与飞行学院，讲师。电子邮箱：huamingzhuang@nuaa.edu.cn

陈文栋，男，博士，东南大学交通学院。电子邮箱：chenwendong@seu.edu.cn

大型公益性设施交通韧性提升策略研究

张意鸣

【摘要】大型公益性设施有特殊的选址要求，需要从各方面支撑其选址合理性。选址阶段的交通影响评价有利于在项目建设前期协调土地开发与交通之间的关系，同时可在方案阶段前控制交通有利条件。本文基于武昌滨江核心商务区城市设计的背景，通过重新梳理月亮湾城市阳台周边区域的交通现状与规划情况，结合城市交通韧性发展的理念，从规划源头管控、综合交通体系目标构建、供给侧和需求侧相对平衡、交通体系应变能力提高、稳定灵活的交通政策研究等方面进行优化，提炼出适用于大型公益性设施选址规划阶段的交通韧性提升策略。

【关键词】大型公益性设施；博物馆；交通韧性发展；选址规划

作者简介

张意鸣，女，硕士，武汉市规划研究院（武汉市交通发展战略研究院），助理工程师。电子邮箱：564049258@qq.com

韧性城市理念下关于构建韧性交通的研究

肖　涛　魏广玉

【摘要】为实现城市高质量发展，加强韧性城市建设刻不容缓。本文阐述了韧性城市、韧性交通的基本内容以及二者关系。韧性交通既是韧性城市重要组成部分，同时也发挥着引领作用。基于韧性城市的理念，以推进韧性城市建设为目的，本文从交通基础设施类型、风险类型、建筑全生命周期三个角度阐述了韧性交通的组成部分，同时从提高交通基础设施韧性、加强交通设施全生命周期管理、构建韧性交通体系三个方面提出了加强韧性交通的建议。

【关键词】韧性城市；韧性交通；交通基础设施；全生命周期；韧性交通体系

作者简介

肖涛，男，硕士，深圳市龙岗区规划国土发展研究中心，交通规划师，工程师。电子邮箱：1101352977@qq.com

魏广玉，男，硕士，深圳市龙岗区规划国土发展研究中心，高级建筑师。电子邮箱：weigy@163.com

韧性交通问题剖析与规划建设交通影响评价

贾胜勇

【摘要】本文通过剖析韧性交通问题在规划建设层面的原因，结合实例对建设项目、城市更新项目不开展交通影响评价、人为造成交通韧性不足进行分析，探讨专项规划开展韧性交通评价，以便更好地构建韧性交通。

【关键词】韧性交通；规划建设；交通影响评价

作者简介

贾胜勇，男，在职研究生，大连市公安局交通警察支队，教导员，高级工程师。电子邮箱：1693119197@qq.com

韧性城市理念下的交通精细化设计再思考

郑一新　周　涛

【摘要】基于当前国土空间规划体系的要求，在以人为本、绿色交通优先的理念指导下，针对各类交通子系统的精细化设计能有效落实规划理念，指导后续工程设计。随着城市社会风险的复杂化和多元化，如何建设韧性城市、提高城市的各类风险抵御能力成为重要议题。而交通系统作为城市建设发展不可或缺的关键环节，必须强化韧性，以应对各类突发状况。本文立足韧性城市理念，将韧性交通的理念融入精细化设计，针对各交通子系统建立动态性的道路断面与交叉口设计、多选择性的公共交通设计、便捷舒适性的慢行交通设计、智慧化的静态交通设计，为构建韧性交通体系建设提供参考。

【关键词】韧性交通；韧性交通；交通精细化设计；交通规划

作者简介

郑一新，男，硕士，南京市城市与交通规划设计研究院股份有限公司，工程师。电子邮箱：1171949164@qq.com

周涛，男，硕士，南京市城市与交通规划设计研究院股份有限公司，高级工程师。电子邮箱：80479415@qq.com

"7·20"背景下郑州市交通系统韧性提升策略研究

郭栋梁　杜景州

【摘要】当前交通系统发展正经历着外部环境复杂多变、自身发展方式深刻转变的特殊时期，要应对风险挑战，就必须坚持安全发展原则，将安全韧性作为"十四五"时期交通系统发展的重要目标。本文首先深入分析了韧性交通发展的政策环境，阐述了韧性交通的含义与特征，并结合郑州市"7·20"特大暴雨灾害后交通系统发展面临的问题与挑战，从提升枢纽体系安全韧性、建立都市圈综合立体救灾网、构建应急通道网络、提高道路网络冗余度、增强公交系统安全服务能力、提高交通智慧化防灾减灾能力和全链条交通安全管理等方面提出交通系统安全韧性提升策略，期望为郑州市交通系统建设提标、提质提供合理的规划发展建议。

【关键词】交通系统；韧性交通；安全；冗余度；郑州市

作者简介

郭栋梁，男，硕士，郑州市规划勘测设计研究院，高级工程师。电子邮箱：54055312@qq.com

杜景州，男，硕士，郑州市规划勘测设计研究院，工程师。电子邮箱：576460692@qq.com

韧性交通视角下的公交场站规划思考

——以佛山市为例

罗嘉陵　赵紫琴　陈　蔚　王琢玉　廖建奇

【摘要】韧性城市是指城市或内部系统具备抵御或化解外界的不确定风险冲击，并保持自身功能及主要特征相对稳定的能力。韧性交通作为韧性城市的重要组成部分，涉及交通基础设施的规划、建设、更新、运营管理等多方面内容。本文以公交场站为研究对象，阐述韧性交通视角下的公交场站规划应遵循的原则和方法。并以佛山市为例，在剖析现状公交场站存在问题和借鉴其他城市经验的基础上，结合韧性交通的理念，从模式优化、规划策略与方法、落实机制等方面提出韧性交通视角下的公交场站规划路径，从而在保障公交场站合理布局的基础上进一步增强城市交通系统的韧性，为其他城市公交场站规划实施提供参考。

【关键词】韧性交通；公交场站；规划路径；落实机制；佛山市

作者简介

罗嘉陵，男，硕士，佛山市城市规划设计研究院，工程师。电子邮箱：1219136621@qq.com

赵紫琴，女，硕士，佛山市城市规划设计研究院，高级工程师。电子邮箱：451454886@qq.com

陈蔚，男，硕士，佛山市城市规划设计研究院，高级工程师。电子邮箱：1735763735@qq.com

王琢玉，男，硕士，佛山市城市规划设计研究院，高级工程师。电子邮箱：1939577@qq.com

廖建奇，女，硕士，佛山市城市规划设计研究院，工程师。电子邮箱：692986309@qq.com

突发公共卫生事件下的公共交通韧性体系构建研究

袁代标　杜小玉

【摘要】交通韧性是城市韧性的重要组成部分，城市韧性的高低是决定一个城市在面对突发的城市公共卫生事件后能否保证其能正常运转的关键。我国政府已认识到城市韧性建设的重要性，并出台了相应的建设计划与政策。本文基于对原有措施的深度剖析与思考，在私家车、公共交通体系、网约车体系、城乡慢行体系、物流配送体系以及城市智慧系统五大方面，从防控措施以及设施建设角度出发，提出了城市交通韧性建设与管理措施等建议，为未来突发公共卫生事件后保障城市能够正常运转提供一定的理论支撑与参考借鉴。

【关键词】交通韧性；网约车服务体系；城市慢行系统；物流配送体系；城市智慧系统

作者简介

袁代标，男，硕士，江苏都市交通规划设计研究院有限公司，工程师。电子邮箱：18852859590@163.com

杜小玉，女，硕士，江苏都市交通规划设计研究院有限公司，高级工程师。电子邮箱：723865371@qq.com

重大公共卫生事件下的城市轨道交通客流分析及思考

郭一凡　唐　超　施　泉

【摘要】重大公共卫生事件的爆发对居民的交通出行产生了巨大影响，尤其是包括城市轨道交通在内的公共交通，受到的影响更加显著。本文通过对重大公共卫生事件发生前、常态化期间以及全面放开后的城市轨道交通客流特征进行对比分析，为城市轨道交通运营单位在突发事件情况下的运营、管理提供了一定的经验借鉴。同时，以西安地铁为例，详细分析了公共卫生事件不同发展阶段轨道交通线网、线路的变化规律，并进行关联分析。最后提出了对于在重大公共卫生事件期间轨道交通客流管控措施的一些思考，以期为未来在突发公共卫生事件下保障城市轨道交通正常运转提供一定的参考。

【关键词】轨道交通；重大公共卫生事件；客流分析；客流管控

作者简介

郭一凡，男，硕士，江苏都市交通规划设计研究院有限公司，工程师。电子邮箱：evan_guo@foxmail.com

唐超，男，硕士，江苏都市交通规划设计研究院有限公司，工程师。电子邮箱：774586399@qq.com

施泉，男，硕士，江苏都市交通规划设计研究院有限公司，正高级工程师。电子邮箱：20664392@qq.com

北京市应急防灾道路交通韧性规划方法初探

寇春歌　汪　洋　王文成　张　政　何　青

【摘要】道路交通是韧性城市系统的重要组成部分，但目前应急防灾交通空间治理规划方法研究基础较为薄弱。本文通过分析地震灾害、地质灾害、危化品安全事故、暴雨气象灾害等典型突发事件的差异性，以定量分析为主，分别提出针对疏散救援需求的灾害交通脆弱度评估方法和疏散救援通道识别模型，以及针对系统恢复需求的布控点及积水点评估方法，并以北京市为例开展案例分析，为道路交通韧性规划提供新的方法。

【关键词】应急防灾；道路韧性；脆弱度；疏散救援通道

作者简介

寇春歌，女，硕士，北京市城市规划设计研究院，工程师。电子邮箱：kouchunge0406@163.com

汪洋，男，硕士，北京市城市规划设计研究院，高级工程师。电子邮箱：wangyang@163.com

王文成，男，博士，北京市城市规划设计研究院，工程师。电子邮箱：transwwc@163.com

张政，男，博士，北京市城市规划设计研究院，工程师。电子邮箱：zhangzheng@163.com

何青，女，博士，北京市城市规划设计研究院，高级工程师。电子邮箱：HeQing@163.com

新常态下推动常规公交可持续发展实践

——以佛山市三水区为例

阎泳楠　李　蒸

【摘要】突发公共卫生事件的结束并不等同于城市常规公交系统的"新生"。突发公共卫生事件结束后，城市常规公交系统面临公交客流恢复困难、财政补贴压力加剧两大难题，如何推动公交可持续发展成为当下重要的研究课题。本文以佛山市三水区为例，首先深入剖析了公共卫生事件结束后常规公交出行特征及发展问题，然后结合现阶段公交面临的两大挑战和困境，从公交线网结构、组织管理、票制票价、数字化赋能四个方面提出了应对思路。最后讲述了融合多源数据构建公交线网模型、重塑线网结构、加强线路客流匹配、优化公交票制票价的具体策略，为其他城市促进公交行业提质增效、可持续健康发展提供了参考。

【关键词】公交线网；公交模型；票制票价；可持续发展

作者简介

阎泳楠，女，硕士，佛山市城市规划设计研究院，工程师。
电子邮箱：yynl1995@126.com

李蒸，男，硕士，佛山市城市规划设计研究院，工程师。电子邮箱：403915494@qq.com

韧性城市视角下交通空间单元
管控研究与实践

——以武汉市为例

孟　娟　李海军　冯明翔

【摘要】新时代背景下建设韧性城市已上升为国家战略，以抵御各种风险与挑战，提高城市治理现代化能力和水平。在综合交通规划逐渐融入国土空间规划体系的过程中，提升城市交通韧性是其中一项重要的考核指标。如何整合国土空间规划传导单元和交通规划单元，保证两者在空间上具有一致性，能够同时客观反映单元内交通韧性特征，需要进行重点研究。本文以武汉市为例，围绕韧性城市建设要求，重点研究了一种面向交通政策传导的空间单元——交通空间单元。基于该空间单元能够实现核心规划指标在多个尺度下量化计算以及重要交通政策在不同功能空间内的差异化实施。通过实施交通空间单元管控，将交通规划指标逐级落实到城市管控单元内，结合用地布局配套满足需求的交通设施，打造更具韧性的城市交通系统。

【关键词】韧性城市；交通空间单元；空间管控模式；武汉

作者简介

孟娟，女，硕士，武汉市规划研究院（武汉市交通发展战略研究院），高级工程师。电子邮箱：2633015701@qq.com

李海军，男，硕士，武汉市规划研究院（武汉市交通发展战略研究院），副院长，正高级工程师。电子邮箱：2633015701@

qq.com

冯明翔，男，博士，武汉市规划研究院（武汉市交通发展战略研究院），交通仿真中心主任工程师，工程师。电子邮箱：2633015701@qq.com

基于多源数据的交通韧性评价指标体系研究

——以广州市为例

黄靖茹　宋　程　陈先龙　张　科　吕海欧

【摘要】交通韧性是影响城市运行安全和稳定的重要因素之一，评估交通韧性不能只关注某一单一因素，而是需要从多个维度整体进行评价。本文从空间韧性、网络韧性、交通系统对外联系韧性等多个维度出发，构建了交通韧性评价框架，并基于该框架提出了对应的评价指标体系和各指标测算方法。并以广州市为例，结合多源大数据完成了广州市域交通韧性评价及市内各重点片区间的韧性评估对比。评价结果表明，广州市空间韧性总体表现良好，但在与重点功能组团耦合、与公共服务设施耦合等方面仍需加强；在网络韧性方面，在一定程度上存在过于依赖某些关键通道的问题；在对外联系韧性方面，中心城区的黄埔港集疏运韧性有待加强。总体而言，评估指标体系有较好的可推广性，可用于辅助城市规划编制，支撑城市的可持续发展。

【关键词】交通韧性；城市空间；交通网络；交通枢纽；多源数据

作者简介

黄靖茹，女，硕士，广州市交通规划研究院有限公司，助理工程师。电子邮箱：hjr_1129@163.com

宋程，男，硕士，广州市交通规划研究院有限公司，教授级高级工程师。电子邮箱：510659684@qq.com

陈先龙，男，博士，广州市交通规划研究院有限公司，教授

级高级工程师。电子邮箱：314059@qq.com

张科，男，硕士，广州市交通规划研究院有限公司，工程师。电子邮箱：865831890@qq.com

吕海欧，女，硕士，广州市交通规划研究院有限公司，助理工程师。电子邮箱：1448732489@qq.com

加快构建广州市韧性
物流运输体系的策略研究

郑明轩　张　文　崔金银　冯　倩

【摘要】2022 年以来，交通运输部、财政部持续推进综合货运枢纽补链强链工作，并同步组织开展绩效评估等相关工作，这对相应入选城市的物流业发展提出了新的问题与挑战。广州是国际商贸中心和综合交通枢纽，并入选了首批国家综合货运枢纽补链强链支持城市，物流规模常年位居国内前列。本文以强化、提升广州物流业韧性为目标，从物流规模、物流服务等方面分析了近年来广州物流业发展的基本情况，从基础设施、市场主体、产业集群、航运市场、区域伙伴等角度提出了当前广州市韧性物流体系发展存在的弱项和短板，并对照相关问题提出了对应的解决措施。

【关键词】韧性物流；综合货运枢纽补链强链；广州物流业

作者简介

郑明轩，男，硕士，广州市城市规划勘测设计研究院，助理工程师。电子邮箱：845220933@qq.com

张文，女，硕士，广州市城市规划勘测设计研究院，高级工程师。电子邮箱：971013993@qq.com

崔金银，男，硕士，广州市城市规划勘测设计研究院，助理工程师。电子邮箱：1078853061@qq.com

冯倩，女，硕士，广州市城市规划勘测设计研究院，助理工程师。电子邮箱：fq1790161291@163.com

基金项目

广州市发展和改革委员会委托课题"广州现代物流高质量发展监测分析"

广州市城市规划勘测设计研究院科技基金：广州轨道交通物流发展适应性研究（RDI2220205023）

海湾型城市韧性进出岛交通规划建设实践

——以厦门市为例

陈晨晖

【摘要】海湾型城市由于水体的环绕使得城市的进出岛通行存在脆弱性。如何提高城市交通系统的韧性，有力保障居民生活需求和经济发展活动需要，成为海湾型城市发展的关键议题。本文以海湾型城市交通为切入点，以韧性城市理论为基础，探讨如何提高海湾型城市交通系统的韧性和品质。以纽约曼哈顿岛交通系统建设为他山之石，研究厦门市进出岛立体交通网络规划布局，分析近期跨岛交通建设和智慧交通信息平台建设经验，为相关城市有效提高岛屿城市交通系统的韧性和品质提供有益的参考和借鉴。

【关键词】海湾型城市；韧性交通；厦门市

作者简介

陈晨晖，男，硕士，厦门市国土空间和交通研究中心（厦门规划展览馆），工程师。电子邮箱：280979787@qq.com

略论韧性交通与安全城市要义与举措

杨 涛

【摘要】构建"安全韧性"的现代化综合交通体系是"国之大者"的重要内涵与要求。本文正解韧性交通与安全城市的基本要义、相互关系；分析城市交通领域安全风险与有效防范；提出践行"双碳"目标承诺，推动公交优先，鼓励绿色出行；并提出加强交通安全韧性基础建设、全息监测与科技攻关。

【关键词】城市交通；安全；韧性；内涵；关系；举措

作者简介

杨涛，男，博士，南京市城市与交通规划设计研究院股份有限公司，董事长，教授。电子邮箱：yangtao@nictp.com

基于电子运单的城市危险货物道路运输特征分析及治理对策研究

——以上海市为例

朱国军　陈冉冉　李　健

【摘要】本文针对城市危险货物道路运输具有流动性强、影响面广、安全风险高等难题，为客观形成城市危险货物道路运输安全运行治理对策，建立了基于电子运单的城市危险货物道路运输特征分析方法框架。通过对上海市从事危险货物道路运输企业的电子运单进行分析研究，发现上海市危险货物道路运输具有危险货物运输种类多、以市内运输为主、主要服务长三角及集装箱运输占主导等特征，并从推进危险货物道路运输协同监管体系建设、运输方式升级、全环节可信监管平台构建及闭环管理优化四个方面提出相应治理对策，以期进一步提升危险货物道路运输安全监管水平。

【关键词】交通运输；危险货物；货运特征；电子运单

作者简介

朱国军，男，在读博士研究生，同济大学道路与交通工程教育部重点实验室。电子邮箱：1910929@tongji.edu.cn

陈冉冉，女，在读博士研究生，同济大学道路与交通工程教育部重点实验室。电子邮箱：2011370@tongji.edu.cn

李健，男，博士，同济大学道路与交通工程教育部重点实验室，副教授。电子邮箱：jianli@tongji.edu.cn

道路地下施工对地面交通运行的影响研究

——以青岛市地铁 6 号线下穿长江西路段为例

姚伟奇　于　鹏　王婧越　袁晓敬

【摘要】为避免道路地下施工引起地上道路沉降、塌陷等危害，通常在地下施工期对地面交通实施封闭车道、限制车型、限制车速等交通管控措施，因此影响地面道路通行能力。本文运用 Vissim 交通仿真软件对不同交通管制措施下道路通行能力进行仿真分析，得出不同交通管控措施下道路通行能力参考值及相关计算参数，提出在道路地下施工期对地面不同影响下地面道路交通优化组织范围的判断方法，并将研究方法应用于青岛地铁 6 号线盾构施工期地面道路通行能力计算及判断其地面交通组织范围，经证明研究成果对制定临时交通组织方案具有一定的参考作用。

【关键词】地下施工；通行能力；Vissim 仿真；交通组织

作者简介

姚伟奇，男，硕士，中国城市规划设计研究院，高级工程师。电子邮箱：116197698@qq.com

于鹏，男，硕士，中国城市规划设计研究院，高级工程师。电子邮箱：345959341@qq.com

王婧越，女，本科，中国城市规划设计研究院。电子邮箱：15686206712@163.com

袁晓敬，男，硕士，北京交通大学交通运输学院。电子邮

箱：xjyuan@bjtu.edu.cn

基金项目
国家重点研发计划课题：编号 2020YFB1600500

国外城市道路网络韧性提升措施的启示

赵洪彬

【摘要】城市道路网络在防灾减灾、应急救援中发挥着重要的作用，但是在自然灾害中又面临着较大的损毁风险。因此，城市道路网络韧性提升对于我国韧性城市建设至关重要。本文通过分析美国、日本城市韧性提升案例，发现发达国家近年来通过制定韧性提升计划、推进韧性提升基金工程、编制不同灾害下韧性提升措施案例集来全面提高基础设施的安全水平。在城市道路韧性提升的具体措施中，分为设施本体抗灾能力的提升（鲁棒性）、设施网络冗余度的提升、设施的人为组织管理三个方面。同时国外还通过集成了基础地理信息、灾害风险信息、应急运输道路网络及管制信息、应急避难点信息等的信息系统，全方位支撑韧性路网建设，对我国道路网络韧性提升具有较强的启示和借鉴意义。

【关键词】城市规划；交通规划；城市道路；经验借鉴；韧性提升

作者简介

赵洪彬，男，硕士，中国城市规划设计研究院，高级工程师。电子邮箱：ttbeanbean@126.com

基金项目

国家重点研发计划资助项目"基于城市高强度出行的道路空间组织关键技术"（2020YFB1600500）

08 交通研究与评估

省域交通碳达峰路径预测及政策研究

——以浙江省为例

郑宜嘉　陈明华　付　旻　祝诗蓓　戴世按

【摘要】本文以浙江省为研究对象，将交通碳排放划分为营运交通碳排放与非营运交通碳排放，对基准情形下的交通碳排放趋势进行预测分析。在此基础上，从装备新能源化、运输结构调整、能效提升、运输组织效率提升等方面举措入手制定碳达峰方案，定量预测出碳达峰方案下的碳排放趋势，并有针对性地提出加快碳达峰进程的措施建议，以保障省域碳达峰目标顺利实现。研究结果表明，在维持现有政策措施的基准情形下，浙江省无法在总达峰目标（2030 年）前完成交通碳达峰；而在适当的政策措施参数目标下，浙江省有望于 2028 年实现碳达峰，其中运载工具新能源化和运输结构优化可作为近中期主要突破口，同步在燃料能效提升、运输组织提效上制定中长期计划以寻求突破。

【关键词】交通碳排放；碳达峰预测；多情形分析；政策建议

作者简介

郑宜嘉，男，硕士，浙江省发展规划研究院，工程师。电子邮箱：yijia330327@163.com

陈明华，男，硕士，浙江省发展规划研究生，工程师。电子邮箱：chenmh43@163.com

付旻，女，硕士，浙江省发展规划研究院，工程师。电子邮箱：54378477@qq.com

祝诗蓓，男，硕士，浙江省发展规划研究院，高级工程师。电子邮箱：1606626455@qq.com

戴世按，男，硕士，西安交通大学城市学院土木建筑工程系，讲师。电子邮箱：dsa@foxmail.com

基于路网优化的控制性详细规划交通影响评价研究

——以昆明市经开区大观山片区为例

李兰芹　苏镜荣　杨　洁　杨　坤

【摘要】为满足大观山片区发展要求，本文在传统控制性详细规划交通影响评价基础上，前置片区道路交通优化方案研究，对片区现状及原控制性详细规划进行深入分析，总结存在的主要问题，并在片区对外交通衔接、道路交通结构与等级、道路断面形式、道路竖向设计、交通组织等方面提出优化方案。同时，基于道路交通优化方案进行控制性详细规划修改编制，并进行交通影响评价，主要评估控制性详细规划调规后片区的交通服务水平，对控制性详细规划调整方案提出相应的改善措施和建议。本文创新了前置路网优化的控制性详细规划交通影响评价项目的评价技术框架和技术重点，可有效地为后续类似项目提供经验借鉴。

【关键词】路网优化；控制性详细规划；交通影响评价；大观山

作者简介

李兰芹，女，硕士，深圳市城市交通规划设计研究中心有限公司云南分公司，工程师。电子邮箱：552009131@qq.com

苏镜荣，男，硕士，深圳市城市交通规划设计研究中心有限公司云南分公司，正高级工程师。电子邮箱：396667397@qq.com

杨洁，女，硕士，深圳市城市交通规划设计研究中心有限公司云南分公司，高级工程师。电子邮箱：357666601@qq.com

杨坤，男，本科，深圳市城市交通规划设计研究中心有限公司云南分公司，助理工程师。电子邮箱：2536987981@qq.com

轨道交通站点接驳骑行环境评价体系研究

李芮智　周雨阳

【摘要】近些年，城市轨道交通凭借着快速、安全和高运量等优点，在绿色出行中所占比例逐年增高。随着开通运营里程的增加，轨道交通正由线路规划、建设阶段逐步向建设、运营服务阶段转变。同时，当前城市轨道交通仍存在线网密度较低、站点覆盖范围不足等问题，面向中短距离的出行需求，轨道站点接驳优化可有效改善"最后一公里"问题，提升乘客的出行体验和出行效率。本文使用共享单车行程、路网设施分布等多源数据，对轨道站点接驳客流的出行需求特征进行分析，使用道路街景识别、空间句法等方法，从道路通行设施层面、路网空间结构层面提出轨道交通站点周边骑行环境的评价指标，通过熵值法确定各指标权重，计算各站点的接驳骑行环境指数。以需求为导向，基于客流需求与设施供给平衡的原则，选出城市轨道接驳设施更新项目中对骑行设施需要优先改善的目标轨道站点，为城市更新决策方案提供科学依据，提升城市轨道交通及一体化绿色出行的服务水平。

【关键词】轨道交通接驳；骑行环境；通行设施；空间句法；熵值法

作者简介

李芮智，男，硕士，天津市城市规划设计研究总院有限公司，工程师。电子邮箱：1280193751@qq.com

周雨阳，女，博士，北京工业大学，副教授。电子邮箱：zyy@bjut.edu.cn

基于 Node-Place 模型的城市交通与用地协调评估研究

张　迪　胡亚光　杜　辉

【摘要】目前城市发展过程中面临交通拥堵等诸多问题，城市交通与用地之间的不协调是产生交通拥堵的重要原因之一。为实现城市的可持续发展，应注重识别并提高交通与用地之间的协同化水平。本文基于 Node-Place 模型，构建城市交通与用地协同性的评估指标体系，并以济宁市中心城区为例，结合济宁市控制性详细规划的内容，研究中心城区 50 个控制性详细规划单元交通与用地之间的协同化水平。根据 Node-Place 模型结果，将研究对象划分为不平衡发展区（用地失衡、交通失衡）与平衡发展区，对平衡发展区进一步细分为重点协同区（压力区）、一般协同区（平衡区）与引导协同区（从属区）3 种类型。最后，针对不同类型的控制性详细规划单元区域，提出适宜于济宁市中心城区的发展建议。

【关键词】城市交通；土地利用；协同评估；Node-Place 模型

作者简介

张迪，女，硕士，深圳市城市交通规划设计研究中心股份有限公司，初级工程师。电子邮箱：zd_dlmu@163.com

胡亚光，男，硕士，深圳市城市交通规划设计研究中心股份有限公司，工程师。电子邮箱：huyaguang@sutpc.com

杜辉，女，硕士，济宁市土地储备和规划事务中心，工程师。电子邮箱：254856412@qq.com

基于 VISUM 的市域快线快慢车
运营客流评价模型构建

唐 清 刘新杰

【摘要】市域快线连接城市中心区与外围组团，具有平均运距较长、车站负荷不均衡的客流特点，需要依赖快慢车等灵活运营模式提升运行效率。快慢车方案的评估需要研究其与客流需求的匹配性，本文首先在分析快慢车开行效果的基础上建立快慢车运营客流影响评价指标体系，然后阐述基于 PTV VISUM 的市域快线快慢车运营模型构建方法，最后以广州地铁 21 号线为例，以全网分钟级粒度 OD 客流需求和各线路详细的时刻表数据作为输入，输出各项快慢车客流评价指标。基于 VISUM 构建的快慢车运营模型具有精度高、建模容易、数据需求量大等特点，适用于已运营快慢车线路的方案评估，输出的指标可用于后续方案优化研究和比选。

【关键词】VISUM；交通建模；市域快线；快慢车；客流

作者简介

唐清，男，硕士，广州市交通规划研究院有限公司，助理工程师。电子邮箱：592651069@qq.com

刘新杰，女，硕士，广州市交通规划研究院有限公司，高级工程师。电子邮箱：jlulxj@sina.com

基于扎根理论的驾驶疲劳影响谱系研究

马刘炳　　林子赫

【摘要】驾驶疲劳一直是道路交通事故关键致因之一，为进一步挖掘驾驶疲劳研究深度，形成全要素影响谱系，本研究围绕驾驶疲劳产生、表征及缓解措施三个方面，在对既有研究成果梳理的基础上，选取 100 位驾驶员进行深度访谈，记录真实驾驶过程中驾驶员对驾驶疲劳的实际感受和缓解措施，形成访谈备忘录，获取质性研究数据。而后应用扎根理论编码分析技术对访谈备忘录进行编码分析，提炼驾驶疲劳形成与缓解的质性分析模型，自下而上地建立了驾驶疲劳形成机理、驾驶疲劳状态表现、驾驶疲劳缓解机理分析谱系，为驾驶疲劳相关量化研究构建顶层研究架构。

【关键词】疲劳驾驶；扎根理论；质性研究；交通安全

作者简介

马刘炳，男，硕士，绍兴市国土空间规划研究院，高级工程师。电子邮箱：389343034@qq.com

林子赫，男，硕士，中国公路工程咨询集团有限公司，工程师。电子邮箱：136067602@qq.com

金华市区道路交通安全现状评估及应对策略

孙胜男

【摘要】迈入高质量发展新阶段，人、车、路等道路交通要素持续快速增长，但道路交通安全整体形势依然不容乐观，道路交通安全工作基础仍然比较薄弱。本文以金华交通事故的分析为案例，利用 GIS 空间定位法和事故强度分析法对事故发生的时间分布、空间分布、道路设施和交通方式等特征进行分析，总结事故发生的一般规律及其深层原因，从交通安全主动防控、道路交通安全环境整治、交通安全制度保障等角度出发，提出降低道路交通安全风险的应对策略，以期为改善道路交通出行安全环境和减少道路交通安全风险提供借鉴。

【关键词】交通安全；交通事故特征；对策

作者简介

孙胜男，女，本科，金华市城市规划设计院有限公司，工程师。电子邮箱：47558744@qq.com

基金项目
金华市科协 2022 年度科协学术研究项目

慢行交通规划设计导则编制方法的探索与实践

——以烟台市为例

杨乐而　何乐霞　章建豪　魏晓冬

【摘要】随着我国城市发展进入了城市更新新时期，慢行交通系统的规划发展受到普遍重视并呈现出新的发展趋势。近年来，国内外各大城市相继开展城市慢行系统规划导则编制工作。本文分析了当前慢行导则编制的现实困境，并通过总结烟台在慢行导则编制过程中的探索与实践，从现状分析、全要素管控、分场景应用、全流程运营、成果衔接传导等方面入手，形成适用、好用、实用、管用的慢行交通设计导则，为导则编制工作提供创新思路。

【关键词】慢行；街道；设计导则；编制方法

作者简介

杨乐而，女，硕士，杭州市规划设计研究院，助理工程师。电子邮箱：413165412@qq.com

何乐霞，女，硕士，杭州市规划设计研究院，工程师。电子邮箱：413165412@qq.com

章建豪，男，硕士，杭州市规划设计研究院，高级工程师。电子邮箱：413165412@qq.com

魏晓冬，男，硕士，杭州市规划设计研究院，高级工程师。电子邮箱：413165412@qq.com

分离式双港湾公交站停靠能力研究

王雯婧

【摘要】为研究分离式双港湾公交车站的停靠能力，本文对分离式双港湾公交站的停靠特性进行了分析，得出分离串联式公交站上下游站台存在相互影响，考虑了上下游站台的相互干扰，引入两站台间的相互干扰系数，建立了分离串联式双港湾公交站停靠能力模型及上下游站台流量和公交线路分配模型。选择公交车到达率、乘客上下车时间以及出站等待时间作为自变量，公交站整体停靠能力作为因变量，通过 MATLAB 绘制关系图，得出不同到达率对应的设计泊位数。同时，以金华市公交站为例，进行公交站的泊位数优化，并通过 MATLAB 对线路分配进行求解。通过 VISSIM 仿真对优化前后的公交站指标进行对比。实验结果表明，优化后的公交站总延误时间减少了 10.23%，车均延误时间减少了 11.56%，平均排队长度减少了 22.13%，验证了模型的有效性。

【关键词】分离式公交停靠站；停靠需求；多线路；泊位数

作者简介

王雯婧，女，硕士，重庆市交通规划研究院，助理工程师。
电子邮箱：1006871368@qq.com

江苏省城市停车设施建设管理评估与建议

陈宗军

【摘要】本文通过对江苏省各地停车发展进行系统调研，从体制机制、设施建设、收费管理、智慧停车等方面，定性研究与定量研究相结合，多层次、多角度分析与总结了全省停车规划、建设、运营和管理等方面的基本情况和存在问题，并以此为基础，着眼当前、立足长远、综合施策，从省级宏观层面提出了具体的措施建议，为全省持续推动停车治理、实现高质量发展提供决策依据。

【关键词】停车管理；停车系统评估；停车政策；智慧停车

作者简介

陈宗军，男，硕士，江苏省规划设计集团，高级工程师。电子邮箱：chelly1982@163.com

容器化的公共交通领域算法服务设计实现

魏建华　郑东东　渠　华　刘洪宇

【摘要】城市公共交通领域在多年运行中积累了大量数据和业务，本文综合运筹优化、机器学习、深度学习等方法，对公交排班业务、客流分析预测、出租车客运业务、新能源公交充电场站排班，构建算法模型，采用远程调用对算法服务化，同时进行身份认证，保证算法服务的安全性，使用 gateway 做二次转发，结合容器即服务（CaaS）使用 Docker 对算法进行封装，使得算法解耦，易部署，高并发。同时，使用 kubernetes 容器调度，对算法进行监控和回滚更新。本文构建了高并发、高可用的软件系统，为算法模型的训练、执行、管理提供可靠的运行环境。

【关键词】公共交通；容器调度；算法服务；容器即服务（CaaS）

作者简介

魏建华，男，硕士，郑州天迈科技股份有限公司，工程师。电子邮箱：weijianhua@tiamaes.com

郑东东，男，硕士，郑州天迈科技股份有限公司，工程师。电子邮箱：zhengdongdong@tiamaes.com

渠华，男，本科，郑州天迈科技股份有限公司，副总经理。电子邮箱：quhua@tiamaes.com

刘洪宇，男，本科，郑州天迈科技股份有限公司，执行总经理，工程师。电子邮箱：liuhongyu@tiamaes.com

基于高斯函数的医院交通量时间分布曲线拟合

刘一潼　李光雨　马　杰　马云龙

【摘要】对机动车交通量随时间变化曲线进行准确而有效的拟合，是开展交通量预测、停车需求预测、共享停车分析等工作的重要基础。高斯函数拟合方法对多峰曲线具有良好的拟合效果，并且其拟合参数具有良好的可解释性。为了验证高斯拟合方法在交通量时间分布曲线拟合工作中的适用性，本文特对某大型医院停车场的工作日全天进出车流量逐小时变化曲线进行了高斯拟合。结果表明：高斯拟合方法适用于该曲线拟合工作，拟合优度良好；拟合参数具有较强的可解释性，可较直观地体现"高峰小时""高峰小时集中度""高峰持续时长"等现实交通量变化特征，并可对停车场用户群体细分、交通需求精准管理等有所启发；高斯拟合方法具有易于实现、实用性较强的特点，值得进一步研究。

【关键词】机动车交通量；时间分布曲线；多峰曲线拟合；高斯函数；医院

作者简介

刘一潼，男，本科，北京海路达工程设计有限公司，工程师。电子邮箱：4029612@qq.com

李光雨，男，硕士，北京海路达工程设计有限公司，高级工程师。电子邮箱：122393396@qq.com

马杰，男，本科，北京海路达工程设计有限公司，工程师。电子邮箱：414655374@qq.com

马云龙，男，本科，北京海路达工程设计有限公司，高级工程师。电子邮箱：hret@vip.sina.com

基于共同富裕的城乡公交一体化
关键指标研究

杜　璇　唐昱恬

【摘要】目前，我国城乡公交一体化的发展尚处于起步阶段，从基本定义到管理体制、基础设施建设、运营服务质量、财政保障等方面存在许多不合理、不完善的地方。当前针对城乡公交一体化发展水平评价的研究多以县为研究对象，而实际上同一县内的各乡镇和建制村因为地理位置、人口、出行需求等不同，服务也存在差距。本文在浙江省建设共同富裕示范区的背景下，分析了城乡公交一体化推进工作中存在的问题及原因，明确了城乡公交的定义，阐述了适合浙江省情的城市公交一体化的内涵，并以此为基础提出了以村为单位的关键指标"城乡公交一体化率"的定义及计算方法。同时，以2021和2022年浙江省"城乡公交一体化率"数据为例进行了分析，针对不同发展水平的地区提出了政策建议。

【关键词】城乡公交；城乡公交一体化；城乡公交一体化率；均等化

作者简介

杜璇，女，硕士，浙江省数智交院科技股份有限公司，运输研究所所长，高级工程师。电子邮箱：89123918@qq.com

唐昱恬，女，硕士，浙江省数智交院科技股份有限公司，助理工程师。电子邮箱：tangyutian33@foxmail.com

公交停靠站安全保障评估与改善实施策略研究

范家俊　蒋　敏　张伟鹏　戴炜东　于昀锦

【摘要】公交停靠站作为公共交通的重要组成部分，也是公交安全运行的重要支撑。为提升国省道公交停靠站安全保障水平，保证市民乘车安全及道路车辆正常通行，保障停靠站改善方案的落地性，有必要制定科学、合理、有效的评估及实施方法体系。本文结合规范和现状条件，分析并确定评价指标，利用AHP 评估法建立公交停靠站安全保障评估体系，并针对各项指标对应的安全隐患提出改善实施策略。同时，以吴江国省干线公交站点为例进行了方法体系的验证。其实施方案的成功落地表明：根据该评估及实施方法体系，基于隐患整改的紧急程度提出分优先级的分阶段改善方案，具备可行性和有效性。

【关键词】公交停靠站；安全保障评估；AHP 评估法；改善实施策略

作者简介

范家俊，男，本科，苏州市轨道交通集团有限公司，工程师。电子邮箱：825181092@qq.com

蒋敏，女，硕士，苏州市吴江区交通运输局，工程师。电子邮箱：944658792@qq.com

张伟鹏，男，本科，中咨城建设计有限公司苏州分公司，工程师。电子邮箱：780916393@qq.com

戴炜东，男，硕士，中咨城建设计有限公司苏州分公司，助理工程师。电子邮箱：1512552362@qq.com

于昀锦，女，本科，苏州彼立孚数据科技有限公司，助理工程师。电子邮箱：1016191513@qq.com

"双碳"目标下城市客运交通减碳路径研究

——以深圳市为例

张道玉 邓 琪 郭 莉

【摘要】交通运输领域是碳减排的重点领域。本文通过分析交通排放的产生机理和影响因素，在既有"自下而上"方法基础上，考虑交通出行总量、出行结构、能源结构、空间结构等城市交通特征，建立城市客运交通碳排放计算模型。根据城市客运交通影响因素变化方向，组合形成不同发展情景。具体包括参考情景、优化出行结构情景、优化能源结构情景、优化空间结构情景、组合优化情景。其中，参考情景和优化空间结构情景至 2060 年也难以实现碳达峰，优化出行结构情景、优化能源结构情景和组合优化情景分别可于 2045 年、2030 年和 2025 年左右实现城市客运交通碳达峰。根据不同情境下城市客运交通碳排放路径，未来深圳应从降低机动化出行总量、优化出行结构提升公共交通出行占比、推动新能源发展优化机动车能源结构、优化城市空间结构降低出行距离等方面持续推动城市客运交通碳排放降低。

【关键词】城市客运交通；碳排放；碳达峰；减碳路径

作者简介

张道玉，男，硕士，深圳市规划国土发展研究中心，工程师。电子邮箱：happyzhangdaoyu@163.com

邓琪，男，硕士，深圳市规划国土发展研究中心，高级工程师。电子邮箱：5700274@qq.com

郭莉，女，硕士，深圳市规划国土发展研究中心，高级工程师。电子邮箱：kelly_guoli@qq.com

G312产业创新走廊背景下宁镇一体化交通协调研究

戴维思

【摘要】随着《长三角区域一体化发展规划纲要》的发布，以中心城市引领城市群发展的区域一体化发展模式被提上日程。江苏省南京、镇江两市，地域相邻、历史相承、文化同源、生活相通、经济相融、交通互通，地区城镇化水平较高，形成了若干城市连绵发展带，一体化融合发展趋势日益增强。因此，本文旨在细化研究宁镇一体化交通协调思路，寻求实现区域交通一体化发展的实施路径，以纵向（继承落实、完善提升、优化调整）和横向（区域空间、市域空间、城市空间）相结合的二维理念深化开展宁镇一体化交通协调研究，通过统筹协调区域交通基础设施和交通运输的规划、建设、运行、组织、管理等工作，实现整个区域交通运输系统的最优化，构筑内通外联、能力充分、衔接顺畅、运行高效、服务优质、安全环保的现代交通运输体系，支撑和引导整个区域社会经济的大发展。

【关键词】宁镇一体化；交通提升；交通融合

作者简介

戴维思，女，硕士，镇江市规划勘测设计集团有限公司，主任工程师，高级工程师。电子邮箱：43045246@qq.com

海绵型道路评价指标体系研究

戴维思

【摘要】国家倡导的海绵城市建设为城市雨水资源管理指明了方向。海绵型道路是海绵城市基础设施建设的重要组成部分，是交通系统响应国家政策、持续创新的重要体现。为推进海绵城市建设，本文科学、全面地提出海绵型道路的评价指标体系，注重评价指标的约束性和鼓励性，并区分不同级别，对照不同层级的海绵型道路设计总体指标和海绵型道路项目的路面、绿化和道路附属设施等分项工程设计指标，对海绵型道路新建和旧路海绵化改造项目进行评价。

【关键词】海绵型道路；层次划分；评价指标

作者简介

戴维思，女，硕士，镇江市规划勘测设计集团有限公司，主任工程师，高级工程师。电子邮箱：43045246@qq.com

天津市核心区慢行改善与街道更新规划实践

郭本峰　李　科　马　山

【摘要】天津市开展了核心区慢行交通改善工程，力求打造更加人文、安全、宜居、市民能够得到享受的城市与街道，让地区真正成为交通便捷、宜商宜居、安全和谐的中央商务活力区。本文通过交通流量、停车特征、出行 OD 等一系列交通调查并利用多元大数据融合分析，总结、剖析了地区交通出行特征和街道运行特征，研发了慢行环境综合分析技术，开展了功能丰富空间多元的网络化统领、精准性定制化设计、引入"共享街道"的全面实践和互联推动全流程服务的工作模式四大特色工作，综合考虑了地区定位发展和总体交通发展战略及策略，系统性地提出了每条道路的改善工程内容，并通过效果评估进行了总结提升，在慢行交通发展理念的实践示范和应用推广方面具有重要的引领意义。

【关键词】慢行交通；交通改善；街道更新；规划实践；评估

作者简介

郭本峰，男，硕士，天津市城市规划设计研究总院有限公司，高级工程师。电子邮箱：40237328@qq.com

李科，男，本科，天津市城市规划设计研究总院有限公司，正高级工程师。电子邮箱：13902128715@139.com

马山，男，硕士，天津市城市规划设计研究总院有限公司，高级工程师。电子邮箱：376578347@qq.com

交通承载力评估在城市更新
项目中的应用实践

章 燕

【摘要】城市更新是存量时代重要的城市发展和空间治理方式，城市交通又是城市更新中需要重点考量的因素，平衡好土地开发经济性与交通运行效率之间的关系尤为重要。在城市更新项目中应用好交通承载力评估这一工具，对于科学编制城市更新方案，促进城市高质量发展具有重要作用。

【关键词】交通承载力；评估；城市更新

作者简介

章燕，女，硕士，江苏省规划设计集团，高级工程师。电子邮箱：327265901@qq.com

超大城市中心区高速轨道引入影响分析

——以广州市天河区为例

孙国然　刘尔辉　黄荣新

【摘要】轨道交通系统的快速发展必然会对城市规划、产业布局、人口分布产生较大影响，为促进共同融合，有效支撑城市社会经济发展，本文选取其具有代表性的广州市天河区作为研究案例进行研究和探讨。首先，介绍大湾区轨道交通和空间格局的规划背景与发展趋势；其次，给出落实相关规划和高速轨道站点、线位的政策建议；然后，探讨了高速轨道对未来大湾区和城市空间的影响机制，具体分析对城市规划、交通设施和产业人口的影响；最后，对上述整体内容给出结论汇总与下一步建议。广州铁路轨道交通枢纽在粤港澳大湾区中扮演着重要角色，做好与城市规划、产业布局的协调，实现轨道交通与城市产业融合发展，能够更准确地把握高速轨道的引入对未来城市空间的影响，进一步指导后续城市高质量发展。

【关键词】轨道交通；高速轨道；城市规划；产业人口；交通设施

作者简介

孙国然，男，本科，广州市交通规划研究院有限公司，助理工程师。电子邮箱：1663458807@qq.com

刘尔辉，男，硕士，广州市交通规划研究院有限公司，工程师。电子邮箱：2220911126@qq.com

黄荣新，男，本科，广州市交通规划研究院有限公司，工程师。电子邮箱：605559586@qq.com

扬子江城市群货运结构优化研究

蔡　婧　张宇洁　仲小飞

【摘要】交通领域是国家"碳达峰"和"碳中和"的重点领域，运输结构调整是交通领域节能减排的重要环节。本文全方位梳理了扬子江城市群公铁水货运设施的现状，聚焦港口、铁路货站、网络货运平台、大型工矿企业和运输企业四大维度进行多源大数据分析，梳理了重点货种的流量流向、集疏运结构，收集了企业对运输结构调整的诉求，挖掘了有待调整的重点领域、区域和环节。采用货运广义费用模型，计算出大宗货物和集装箱在不同运距下分方式的广义费用，得出理论上的最优运输结构。结合国家和省级运输结构调整政策、扬子江城市群地区货运发展趋势等，以及实际调研中企业的反馈，提出货运结构优化的对策和建议。

【关键词】运输结构调整；多源大数据分析；公转铁；公转水；扬子江城市群

作者简介

蔡婧，女，硕士，华设计集团，综合交通规划所（交通发展智库）工程师。电子邮箱：1179543133@qq.com

张宇洁，女，硕士，华设设计集团，综合交通规划所（交通发展智库）助理工程师。电子邮箱：2052246954@qq.com

仲小飞，男，硕士，华设设计集团，综合交通规划所（交通发展智库），所长，高级工程师。电子邮箱：49286589@qq.com

基于 MGWR 的路网形态
与路侧泊位利用率关系研究

杨　睿　孙燕平　赵云飞　朱　彤

【摘要】为分析路网形态对路侧泊位利用率的影响，本文以西安市城六区为例，应用空间句法理论选择接近度、穿行度作为路网形态量化指标，结合建成环境指标作为解释变量，建立多尺度地理加权回归（Multiscale Geographic Weighted Regression，MGWR）模型，获得路网形态和建成环境对路侧泊位利用率的影响及空间分布特征。研究结果表明：考虑路网形态的 MGWR 模型效果最佳，调整 R^2 达到 0.86 以上；城市建成环境与路侧停车泊位利用率存在相异的影响关系及程度；路网接近度对路侧停车泊位利用率有正向影响，路网穿行度则呈现负向影响；路网系数的空间分布具有明显异质性，城市外围接近度高值网格的泊位利用率对搜索尺度变化更为敏感，双休日的泊位利用率受接近度影响程度明显大于工作日。本文研究结果进一步刻画了路网形态与泊位利用之间的互动关系，可为路侧停车点选址和设施供应等工作提供依据。

【关键词】路侧停车；路网形态；空间句法；空间异质性；多尺度地理加权回归模型

作者简介

杨睿，男，硕士，西安市城市规划设计研究院，助理工程师。电子邮箱：yangruihuman@163.com

孙燕平，女，硕士，西安市城市规划设计研究院，高级工程师。电子邮箱：562078017@qq.com

赵云飞，男，硕士，长安大学。电子邮箱：13252002559@163.com

朱彤，男，博士，长安大学，副教授。电子邮箱：zhutong@chd.edu.cn

北京市公交专用道运行效益评价研究

陈　静

【摘要】本文梳理了北京市地面公交专用道发展历程，结合国内外研究，从道路资源利用率和乘客体验两个方面选取适宜指标，建立了公交专用道运行效益评价指标体系。综合利用多源数据，以北京市地面公交线网总体规划中的 18 条公交骨干走廊为评价对象，将专用道按照道路等级进行分类，评价各走廊专用道运行效益情况，同时利用层次分析法对各走廊专用道综合效益进行评价。基于评价结果，选取典型案例分析专用道运行中存在的主要问题，为全面提升专用道使用效益提供研究支撑。

【关键词】公交专用道；运行效益；多源数据

作者简介

陈静，女，硕士，北京交通发展研究院，高级工程师。电子邮箱：497177514@qq.com

多运营管理模式下的轨道交通运营成本分析

——以佛山市城市轨道交通为例

洪晨俞　潘　斌

【摘要】本文从城市轨道交通运营成本构成、归类及影响因素分析入手，结合佛山市城市轨道交通多运营管理模式的特点，剖析了佛山市城市轨道交通运营成本的特殊性，并基于该特殊性提出了运营成本的分析思路和方法，最后总结了佛山市城市轨道交通运营成本优化实施建议。

【关键词】轨道交通；运营成本；成本分析

作者简介

洪晨俞，女，硕士，佛山市城市规划设计研究院。电子邮箱：451833615@qq.com

潘斌，男，硕士，佛山市城市规划设计研究院，高级工程师。电子邮箱：286344899@qq.com

武汉市城市交通碳排放特征及减碳路径探索

李海军　　刘贤玮

【摘要】本文通过核算武汉市城市交通历史及现状碳排放量，分析了武汉市城市交通碳排放特征。近年来，私人小汽车碳排放增长速度较快，成为目前城市交通领域最主要的碳排放来源之一。为研判武汉市城市交通领域碳减排的关键和方向，本文研究了基准情景和达峰情景下的机动车需求控制、新能源汽车占比、城市客运能源结构优化等关键影响因素，预测两种情景下城市交通碳排放达峰时间和总量，提出以 2030 年前实现碳达峰为目标的碳减排策略和实施路径。从控制小汽车出行强度、优化出行结构、转型能源结构、创建充电环境等方面为武汉市制定碳排放达峰行动方案提供一定的思路和参考。

【关键词】城市交通；碳排放核算；碳排放特征；碳达峰预测；减碳路径

作者简介

李海军，男，硕士，武汉市规划研究院（武汉市交通发展战略研究院），副院长，正高级工程师。电子邮箱：479964095@qq.com

刘贤玮，女，硕士，武汉市规划研究院（武汉市交通发展战略研究院），工程师。电子邮箱：244260933@qq.com

时空协同视角下深圳市轨道
实施效果评估及规划建议

郭　莉　　徐旭晖

【摘要】轨道是带动城市发展和提高出行服务水平的重要抓手，但轨道建设和运营投资也是对政府财政的巨大考验。目前，国内轨道交通整体上客流强度偏低，对轨道交通的可持续发展重视不够。本文参考深圳 2007 版轨道网络规划的目标与实施情况，从空间协同、综合交通和运营可持续发展三个维度构建了轨道实施效果综合评估指标体系。基于轨道客流数据、用地与建筑以及产业布局数据，多维度、多视角地对既有运营网络进行了综合评估，主要包括轨道交通网络结构、线路功能与客流、站点客流分布与空间结构、用地功能、开发时序和产业结构的匹配度以及互动影响关系。最后，从网络结构、建设时序、产业功能、TOD 开发等方面提出轨道与空间结构和用地功能协调、客流可持续的规划建议。

【关键词】轨道实施；轨道评估；时空协同；轨道规划

作者简介

郭莉，女，硕士，深圳市规划国土发展研究中心，高级工程师。电子邮箱：99129268@qq.com

徐旭晖，男，本科，深圳市规划国土发展研究中心，高级工程师。电子邮箱：xxhuisz2010@163.com

分行业视角下的居民通勤异质性研究

——以深圳市为例

陈梓林　郭　莉　刘　倩

【摘要】对城市职住关系与居民通勤特征研究应当考虑地区就业人口与岗位的行业特征。本文基于深圳市居民出行调查数据，利用非参数检验及 K-means 聚类方法，分析了不同行业居民通勤异质性。结果表明，深圳不同行业群体的通勤特征存在显著差异：制造业、住宿和餐饮业等传统工业及低技能型基础服务业平均通勤时间较短，以短距离通勤为主，并以慢行交通为主要通勤方式；金融业、信息传输/软件和信息技术服务业、科学研究和技术服务业等现代生产性服务业平均通勤距离与时间较长，长距离通勤占比高，小汽车、轨道交通分担率高。不同行业职住分布与通勤流差异明显：受深圳就业多中心结构与住房市场影响，金融业等现代生产性服务业就业空间高度集中于中心区，但存在一定程度的职住分离，并形成明显向心型通勤流；传统低技能型行业群体职住较为平衡，以区域内部通勤为主。

【关键词】通勤特征；行业差异；职住关系；群体异质性；深圳市

作者简介

陈梓林，男，硕士，深圳大学建筑与城市规划学院。电子邮箱：czilin98@126.com

郭莉，女，硕士，深圳市规划国土发展研究中心，高级工程

师。电子邮箱：99129268@qq.com

刘倩，女，博士，深圳大学建筑与城市规划学院，副教授。
电子邮箱：liuqian-chair@126.com

基于能耗效率的城市轨道交通
碳排放特征分析

——以重庆市为例

任瀚堃　周　涛　孙琴梅

【摘要】交通运输业碳排放约占我国全行业碳排放的 10%，在出行需求日益增长的背景下，公共交通成为交通行业低碳发展的重要方向。本文基于重庆市轨道交通客流特征与列车牵引能耗，分析重庆市轨道交通各线路碳排放特征。研究发现，重庆市轨道交通 1 号线、3 号线、6 号线等早期建设线路单位客运周转量碳排放处于较低水平；国博线、10 号线等新开线路单位客运周转量碳排放相对较高；但随着重庆市城市扩张与发展，早期线路的单位客运周转量碳排放有所上升，而新开线路单位客运周转量碳排放显著下降。最后，从促进低碳交通发展的角度，对轨道交通规划建设提出了相关建议。

【关键词】碳排放；能耗效率；城市轨道；客运周转量

作者简介

任瀚堃，男，硕士，重庆市交通规划研究院，工程师。电子邮箱：1840911927@qq.com

周涛，男，本科，重庆市交通规划研究院，副院长，教授级高级工程师。电子邮箱：taozhoucq@qq.com

孙琴梅，女，硕士，重庆市交通规划研究院，正高级工程师。电子邮箱：sunqinmei@zqsjtghyjy.wecom.work

转型升级背景下高科技园区道路空间优化策略

——以滨海—中关村科技园洞庭北路为例

李河江　唐立波　郭本峰　尚庆鹏

【摘要】高科技园区作为科技发展项目落地的重要载体，是国家科技创新驱动、产业转型升级持续发展的重要力量。道路空间作为高科技园区重要的公共空间，对产城融合和创新氛围营造具有积极作用。本文结合不同时期高科技园区的功能导向和产业类型，提出其道路空间需求及供给策略。以滨海—中关村科技园洞庭北路为例，首先通过分析现状特征和发展需求，明确洞庭北路具有空间优化的先天优势；其次，结合百度慧眼大数据，并开展问卷调查，了解当地群众对洞庭北路空间优化的诉求；最后，论证洞庭北路交通功能，提出道路空间优化策略，并就优化后可能产生的影响提出改善建议，保障策略落地实施。

【关键词】高科技园区；道路空间；优化策略

作者简介

李河江，男，硕士，天津市城市规划设计研究总院有限公司，工程师。电子邮箱：626100056@qq.com

唐立波，男，硕士，天津市城市规划设计研究总院有限公司，高级工程师。电子邮箱：270670982@qq.com

郭本峰，男，硕士，天津市城市规划设计研究总院有限公司，高级工程师。电子邮箱：40237328@qq.com

尚庆鹏，男，硕士，天津市城市规划设计研究总院有限公司，助理工程师。电子邮箱：sqp378@163.com

利用既有线开行市域（郊）通勤列车效益分析研究

石谨诚　李瑞敏

【摘要】 既有线开行市域（郊）通勤列车被视为城市轨道交通系统的重要组成部分。本文系统梳理了国内外利用既有线开行市域（郊）列车的多条线路，基于对国外案例的分析，对比梳理了国内利用既有线开行市域（郊）列车存在的问题，并分析了可能影响利用既有线开行市域（郊）列车的成功因素。在此之后，应用 AHP 模糊综合评价法形成了相应的评价方法并结合具体线路进行检验。结果表明，本文建立的模型对于评价利用既有铁路开行市域（郊）列车的效益有较好的适用性。最后，提出了进一步优化模型参数的方向。

【关键词】 既有线；市域（郊）铁路；通勤；效益；AHP 模型

作者简介

石谨诚，男，本科，清华大学。电子邮箱：2522717378@qq.com

李瑞敏，男，博士，清华大学，清华大学交通工程与地球空间信息研究所所长，教授。电子邮箱：lrmin@tsinghua.edu.cn

基金项目

国家重点研发计划课题：交通基础设施复杂网络快速建模与智能仿真（编号 2021YEB2600502）

城市拓展区道路交通碳减排评估

——以天津市西青区为例

王海天　马　山　万　涛　郭本峰　赵树明

【摘要】本文基于天津市西青区交通量调查数据，对西青区全域现状道路交通碳排放情况进行了评估，对于都市拓展区道路交通碳排放特征进行了概括，最后推导出结论，认为应深入研究都市拓展区道路交通碳减排特点和形成机制，根据都市拓展区的国土空间特征制定道路交通碳减排策略。

【关键词】都市拓展区；道路交通碳排放；评估；策略

作者简介

王海天，男，本科，天津市城市规划设计研究总院有限公司交通分院，高级工程师。电子邮箱：2485817857@qq.com

马山，男，硕士，天津市城市规划设计研究总院有限公司交通分院，高级工程师。

万涛，男，硕士，天津市城市规划设计研究总院有限公司交通分院，高级工程师。

郭本峰，男，硕士，天津市城市规划设计研究总院有限公司交通分院，高级工程师。

赵树明，男，硕士，天津市城市规划设计研究总院有限公司副总工程师，正高级工程师。

辽宁省交通与旅游融合发展分析

——基于耦合协调度模型

高晨曦　隽海民　张　栋

【摘要】本文构建了辽宁省交通系统和旅游系统的评价指标体系，借助耦合协调度模型测度辽宁省交通系统与旅游系统耦合协调发展的水平，并引入灰色关联度模型进一步探析影响交通系统和旅游系统的关键因素。结果表明，2010～2019 年辽宁省交通系统与旅游系统的协调发展水平总体呈现上升趋势，但还没有达到优质协调的水平，受旅游系统发展的"短板效应"的影响，未能充分利用交通运输系统提供的基础设施和运输能力。灰色关联度模型分析结果表明，交通系统中的铁路旅客周转量、水运客运量和铁路营业里程以及旅游系统中的国内旅游收入、国家 A 级旅游景区和星级饭店总数对两个系统之间的耦合协调度存在较强的正向推动作用。

【关键词】辽宁省；交旅融合；耦合协调度；灰色关联度

作者简介

高晨曦，女，本科，大连理工大学。电子邮箱：1053706187@qq.com

隽海民，男，博士，大连市国土空间规划设计有限公司，副总经理，教授级高级工程师。电子邮箱：junhaimin@163.com

张栋，男，博士，大连理工大学，讲师。电子邮箱：zhangdong@dlut.edu.cn

城市道路交通微改造应用分析与影响评价

郑刘杰　张雅婷　杜泽华　张　骥

【摘要】为提升城市道路服务水平，深入开展城市更新工作，研究微改造措施的适用性及效果评估，本文以天津市经开区城市主干路为例，系统分析城市道路拥堵成因，提出微改造方案，建立多层次评价体系，利用 VISSIM 软件建立仿真模型，对改造效果进行评估。研究发现，微改造措施实施后，主干路过境交通行程时间减少 8.68%，车均延误降低 11.54%，沿线交叉口通行能力有不同程度的提高，车均延误、最大排队长度明显减小，关键交叉口左转车辆排队过长问题改善效果显著。微改造措施应用分析及交通影响评价评估方法为城市建成区道路微改造提供借鉴。

【关键词】交通精准治理；交通微改造；交通影响评价；交通仿真

作者简介

郑刘杰，男，硕士，天津市城市规划设计研究总院有限公司，工程师。电子邮箱：1710006975@qq.com

张雅婷，女，硕士，天津市城市规划设计研究总院有限公司，工程师。

杜泽华，男，硕士，天津市城市规划设计研究总院有限公司，工程师。

张骥，男，本科，天津市城市规划设计研究总院有限公司，工程师。

中小城市建筑物停车配建指标研究

——以昆山市为例

吴晓梅　张　宁

【摘要】本文基于昆山市 2021 版停车配建指标的修订，经过实地调查，结合停车周转率、高峰小时利用率等量化指标分析，对比国内其他城市，结合昆山市实际拥车发展水平，细化了建筑物分类，重点针对住宅、学校、行政办公、新型工业等建筑类型的停车需求提出了指标优化建议。

【关键词】停车配建；指标修订；分区分类

作者简介

吴晓梅，女，本科，江苏省城市规划设计研究院有限公司，高级工程师。电子邮箱：281452178@qq.com

张宁，男，硕士，江苏省城市规划设计研究院有限公司，工程师。电子邮箱：790108355@qq.com

后 记

习近平总书记在党的二十大报告中指出，加强城市基础设施建设，打造宜居、韧性、智慧城市。韧性交通不仅是韧性城市的重要组成部分，更是高质量发展的必然要求，涉及交通基础设施建设、更新、运营管理等多个方面。2023 年中国城市交通规划年会围绕"韧性交通：品质与服务"主题组织了论文征集活动。共收到投稿论文 331 篇，在科技期刊学术不端文献检测系统筛查的基础上，经论文审查委员会匿名审阅，有 223 篇论文被录用，其中 26 篇论文精选为宣讲论文。

在本书付梓之际，真诚感谢所有投稿作者的倾心研究和踊跃投稿，感谢各位审稿专家认真公正、严格负责的评选！感谢中国城市规划设计研究院城市交通研究分院的乔伟、耿雪、张斯阳、王海英等在协助本书出版中付出的辛勤劳动！

论文全文电子版可通过中国城市规划学会城市交通规划专业委员会官网（http://transport.planning.org.cn）下载。

中国城市规划学会城市交通规划专业委员会

2023 年 7 月 18 日